ns # earth code
４６億年のプロローグ

This book was written to find the definitive "code" that shows we have survived through the turbulent history of the Earth.
The code defining us as human beings made "by the Earth" is deeply engraved in our bodies.
There are many things that have not yet been clarified in the stories in this book. Perhaps the rationale behind the theory will change in the next few years.
However what is important is not the theory but the fact that we are a species that can only exist on this planet.
This is not at all something to be pessimistic about. It is what makes us what we are today.

編著 GENERATION TIMES　特別協力 山本良一

まえがき ぼくらがぼくらである理由。

　昔、小さい頃読んだ科学の本に「４０億年後に地球は消滅する」と書いてあった。太陽が膨張して引き寄せられてしまう、というような内容だった気がする。「いつかこの地球もなくなってしまうのか」と漠然とした"おわり"を想像して、ショックというよりも不思議な気持ちになったのを覚えている。きっとあまりに途方もない年月すぎて、「宇宙の別の星で暮らすことになるのだろう」と安易に思っていたからかもしれない。
　時代は２１世紀に入って、ぼくは大人になって、宇宙の映像にも慣れてしまった頃、気がつけば「地球にやさしく」「地球が泣いている」、こんなフレーズが世の中に溢れていた。「地球のためにできること」。電気をまめに消すことも、レジ袋を使わないことも、そのどれも間違ったことではないのだろうけれど、時々感じる自分自身の無力感と、毎日のように連呼される「地球を守ろう」のフレーズに、理由の分からない違和感を抱えていた。まるで"地球がもうすぐ消滅する"かのような錯覚に陥ってしまうからだろうか。絶滅危惧星・地球。あたり前だけれど、ぼくが本を読んだ時からまだ４０億年は経っていない。

　この星は、時に美しく、時に残酷な存在だ。海が荒れれば、その一波で街をのみ込んで、大地がほんの少し揺れただけで、一つの国が崩壊してしまう。宇宙にまで行く技術が進んだ時代であっても、雨が降ればぼくらには"傘"しかない。自然に対して、地球に対して、人間はあまりに無力な存在。環境が変われば「絶滅危惧種」になる可能性があるのは、いつでも生物の側だ。ぼくらはいつの間にか賢くなりすぎて、そんな大事なことをつい忘れてしまう。ぼくが死んでも地球は回るし、たとえ人間が絶滅しても、地球はなくならない。
　４６億年前。広大な宇宙に地球が誕生してから、この星は寒くなったり熱くなったり、大陸がくっついたり離れたり、激動の変化を遂げてきた。それは、いまこの瞬間も同じだ。世界一の山・エベレストは少しずつ高くなっていて、ハワイ島はちょっとずつ日本に近づいている。地球は常に変化している。問題は、環境の変化はそのまま生きとし生ける物に"生存の道"を問うということ。現在、地球上に３０００万種以上いるといわれている生命。この４６億年の間に、その何千、何万、何百万倍という種が誕生しては、絶滅していった。けれども、ぼくらの祖先は"偶然と必然の境界線"を行ったり来たりしながら、生き抜いてきた。ひたすらに、ひたむきに、新天地を求め続ける生命力。ぼくらは、そんな力に溢れ生存した種の一つなのである。

時は21世紀。いま改めて、地球環境の変化がぼくらに"生存の道"を問いかけている。ぼくは科学者ではないからこの変化の原因が何かはよく分からないけれど、大量の二酸化炭素を排出していることも、天然資源がなくなりつつあることも、人口が増えて食糧不足が懸念されていることも、動かしがたい現実だ。分かっているのは、自分と自分の大切な人が被害を受けるかもしれないその時に、"同じ種"としてどうするのか。問われているのは、ぼくら人間同士のあり方である。それはいまも昔も変わっていない。

　50年ほど前の話。日本では、急速に発展した企業の経済活動による公害問題が存在した。工業用水が川を汚し、工場の煙が大気を汚染する環境破壊によって、多くの人々の体に多大な障害が生じた。現在ではほぼ解決したそれらの問題も、もしあの頃「地球にやさしく」と訴えかけていたら、果たして解決できていたのだろうか。当時の人々が守ろうとしたものは、地球ではなく、あくまで人間の命だ。

　もうそろそろ、気がついてもいい頃だと思う。地球は泣いてもいないし、笑ってもいない。泣いているのは、食糧を失い、天災に遭い、この星に生きるぼくら人間であることを。もうそろそろ、気がつかないといけない。"公害"問題と"環境"問題を区別することに何の意味もなく、最大の環境破壊は紛争そのものであることを。この地球上に3000万種以上の生命がいたとして、人間を救えるのは同じ種であるぼくらだけだ。ライオンも、ゴリラもチンパンジーも、ぼくらを直接的に救ってくれることはない。ぼくらには、ぼくらにしかできないことがある。問われているのは、地球へのやさしさではなく、人間同士で"生き抜く"という意志と、その覚悟。

　この本は、そんなことをもう一度考えてみるために、ぼくらと地球の関係を「心・技・体」の切り口で問い直す3部作シリーズの一冊目。まずは、体。ぼくらの体には"地球のしるし"が強く、深く刻まれている。激動の地球史を生き抜いてきた確かな"しるし"。ここで語られるストーリーは、まだ解明されていないこともあるし、数年後には根拠となった学説も変わっているかもしれない。けれど大事なことは、その事実よりも、ぼくらはこの星でしか生きられない地球生命"体"であるということ。それは必ずしも悲観的なことではないと思う。それが、ぼくらがぼくらである理由だから。

GENERATION TIMES編集長　伊藤剛

2　まえがき　ぼくらがぼくらである理由。　文・伊藤剛

10　第1章　わたしと地球の一日。　編集／文・沢田美希
12　フォトエッセイ　光／水／酸素／重力／月　写真・市橋織江
34　わたしと地球の関係。
35　光　36　水　37　酸素　38　重力　39　月
40　We are made from the EARTH.

42　第2章　わたしと地球の物語。　編集／文・嘉村真由美
44　My chronicle and the EARTH ── わたしの地球年代記 ──
46　星くずから地球へ　文・小久保英一郎（国立天文台／理論天文学者）

　　40億年前の地球 ── 38億年前のわたし
48　全海洋蒸発／生命の誕生（バクテリア）
50　どうやってわたしと地球は始まったのか？

　　6億年前の地球 ── 6億年前のわたし
52　スノーボールアース／脊椎の誕生（ピカイア）
54　どうやってわたしは大型化したのか？

　　4億5000万年前の地球 ── 3億6000万年前のわたし
56　イアペタス海の誕生と消滅／手の誕生（アカンソステガ）
58　なぜわたしは陸へ上がることができたのか？

　　2億5000万年前の地球 ── 1億2500万年前のわたし
60　スーパープルーム／胎生の誕生（エオマイア）
62　なぜわたしは母親のお腹の中で育つのか？

　　5500万年前の地球 ── 3500万年前のわたし
64　広葉樹林全盛期／視力の誕生（カトピテクス）
66　なぜわたしは営むのか？

　　恐竜VS哺乳類　1億5000万年の戦い
68　恐竜にデザインされた哺乳類

＊本書に登場するイラスト、アートワークは、資料をもとに描きおこしたイメージ図です

74 第3章 わたしと地球の境界線。 編集/文・川村庸子

86 earth code　わたしに刻まれた地球のしるし。
88 Body ／ Birth ／ Hands ／ Eyes
98 Family Tree　わたし＝霊長類の系統樹。　100 gorilla code　わたしとゴリラの境界線。
102 ゴリラの世界。／ヒトの世界。　文・井上英樹（MONKEY WORKS）　108 胎児の生命記憶

110 **Epilogue** エピローグ　編集/文・今村亮

12月31日23時37分 （20万年前）
現生人類の誕生
114 Great Journey to The Frontier　新天地を求め続けた人類の旅路。　文・伊藤剛
120 ニューヨーク／トレド／ムンバイ／サンパウロ／モスクワ／カイロ／東京／宇宙ステーション
136 人が宇宙を夢見た日々　138 宇宙で地球を夢見る夜

12月31日24時00分 （現在）
142 **人類のいま**　文・伊藤剛

1月1日0時00分01秒 （未来）
160 **47億年目のわたしと地球の物語。**
162 あとがき　地球という惑星の"刻印"　文・山本良一
166 参考文献　168 ビジュアル・インデックス

46億年のプロローグ

Where are you from?

「どこから来たの？」
遠い異国の、見知らぬ街を歩いていると
見知らぬ誰かに、時々、ふと尋ねられる。
目の色や、肌の色。歩き方や、微笑み方。
そんなことの"何か"が、相手に伝わっているのだろうか。
生まれてから今日までの間に刻まれた"わたしのしるし"。

地球がまわる、24時間。
太陽の光や夜空の月。大きく息を吸って、小さく一歩を踏み出して。
そのわずか一日の間にも、わたしの体はこの星の影響を受けている。
地球誕生から、46億年。
目の色も、肌の色も、この手のカタチも、耳のカタチも、そのすべてに
途方もない年月をかけたこの星の時間が、強く、深く記憶されている。
わたしの体に刻まれた、"地球のしるし"。

いつか、わたしが地球を離れるとき
遥かかなたの見知らぬ星で、見知らぬ誰かと出会ったら
きっと、かならず、尋ねられるだろう。
そのときの答えはもう決まっている。
わたしは、生きてきたこの星の名前を初めて告げるのだ。
生まれるずっと前から刻まれてきたしるし。
それは、46億年の"わたし"のプロローグ。

「ところで、あなたはどこから来たのですか？」

I'm from the…

第1章　わたし　と　地球の一日。

光　　眩(まぶ)しさを感じて、目が覚めた。
　　　カーテンの隙間(すきま)から差し込む太陽の光が、朝の訪れを告げている。
　　　昨日の雨が、ウソみたいだ。
　　　まだ眠りから完全に覚めていないわたしのカラダに、光が注がれる。
　　　とてもあたたかい、太陽からの光。

　　　この地球に生まれたわたしには、授(さず)かった時計がある。
　　　わたしだけではない。
　　　地球上の動物も植物も、みんな持っている。
　　　その時計に合わせて、わたしのカラダは今日という時を刻む。
　　　スイッチ役は、太陽の光。
　　　光が、一日のはじまりを教えてくれる。

　　　アラームが鳴るのよりも早く起きると、なぜか気分がいい。
　　　光を、全身で浴びる。
　　　わたしと地球の、今日という一日が、はじまった。

am 7:00

水　この地球には、水が豊富にある。
「地球は青かった」という有名な言葉があるように、地球は水で潤(うるお)っている。
同じように、わたしのカラダのほとんども、水で潤っている。

古代ギリシャの哲学者・タレスは、こう残した。
「万物の根源は水であり、世界は水から成り、そして水に帰るのだ」
古代ギリシャの医学の父・ヒポクラテスは、こう言った。
「人にとって最も重要なのは、良い水と空気に恵まれた風光明媚(ふうこうめいび)な環境である」

水は、あるときは液体に、あるときは気体に、またあるときは固体へと姿を変える。
そうして地球を巡る様は、まさに"水の旅人"。
旅路の途中で、わたしと水は、今日も出逢(あ)う。
それは、必然の出逢い。

am 10:10

酸素　　風に揺らぐ樹々の葉が、ざわめいている。
　　　　思い切り、深く、呼吸をする。
　　　　わたしのカラダに、新鮮な空気が染みわたっていく。

　　　　遥か昔、地球には酸素がほとんどない時代もあったという。
　　　　植物とそれ以外すべての生命は、この地球上で生きていくために、
　　　　お互いが欲するモノを交換することにした。
　　　　それは、随分前に、植物とわたしの間で交わされた約束。

　　　　奇跡のように、まさに適量な酸素が、この地球にはある。
　　　　風に身を任せる樹々が放つ、酸素という贈り物。
　　　　もう一度、深く、呼吸をする。

pm 1:30

pm 4:15

重力　小さいときから慣れ親しんでいる、丘へと続く坂道。
　　　頂上が見える頃には、やはり息が切れてしまう。
　　　それでも重たい足が動くのは、そこに街を一望できる景色があるから。

　　　昔、ニュートンは、リンゴが木から落ちるのを見て、
　　　リンゴも月も、地球に引かれて落ちていると思いついた。
　　　月がわたしを照らしているのは重力があるからで、
　　　この地球から空気が逃げないのも重力のおかげ。
　　　わたしと地球は、お互いに引き合って存在している。
　　　重力がなかったら、モノはすべて浮いてしまうし、
　　　わたしは普通に歩くことができない。

　　　街をオレンジ色に染めながら、陽が落ちていく。
　　　暗くなりはじめた空では、今宵の月のステージが幕を開けようとしている。

月　太陽がその日の活動を終える頃。
暗くなった空では、太陽から主役の座を譲り受けた月が、
神々(こうごう)しく輝いている。

世界の神話には、月がよく登場する。
ギリシャ神話では、アルテミスという月の女神が登場し、
ペルーでは、太陽と月は夫婦だったと語り継がれている。
そういえば、日本最古の物語に登場するかぐや姫は、
月の都へと還(かえ)っていった。
古代の人々は、物語として語り継ぐほど、月に魅(み)せられていたのだろう。

月が操(あやつ)る、地球上の海水の満ち干(ひ)。
地球が月の影響を受けているのなら、
地球に暮らすわたしのカラダも、月の影響を受けているのだろうか。
そんなことを想いながら、空を見上げる。
神秘のベールを纏(まと)った月が、一瞬、輝きを増した。

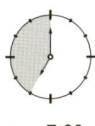

pm 7:00

わ た し と 地 球 の　関 係　　。

光

私たちが生まれながらにして持っている体の機能の一つに『体内時計』というものがある。体内時計とは、睡眠や呼吸、心臓の血液循環、ホルモンの生産など、生きていく上で大切な働きをコントロールしているもの。この働きは、ラテン語で"おおむね一日"を意味する『サーカディアンリズム』と呼ばれている。しかし、私たちに刻まれている体内時計は、約25時間。自転により一日を24時間で刻んでいる地球とは、1時間ずれている。地球環境に適して暮らしていくためには、25時間周期の体内時計を1時間早くリセットする必要がある。そのスイッチ役が「光」だ。

スイッチの切り替えは、脳の松果体から分泌される『メラトニン』と呼ばれるホルモンが担っている。メラトニンは、眠りを誘うホルモンで、太陽の光を感じてから約15時間前後に分泌される。朝、私たちが光を浴びると、メラトニンは一気に減少。それにより眠気から目覚め、夜10時頃に分泌し始めて眠気を誘うようになる。私たちに刻まれた時計の針を調整することができるのは、まさに光のおかげといえる。

この光の源は、地球から約1億5000万km離れた太陽だ。その構造は、固体ではなくて連続ガス体だが、太陽を私たちが「球体」と認識しているのは、目に『光球』と呼ばれる丸い部分が見えているから。その光球から『可視光線』が最も多く放出されている。可視光線とは、太陽から放射される電磁波の中で私たちの目に見ることができる波長のもの。これがいわゆる光だが、可視光線よりも波長が長い『赤外線』や、波長の短い『紫外線』など目に見えないものもある。

光以外にも、さまざまな電磁波を放射している太陽。人間にとって有害な紫外線や『X線』は、地球の大気で吸収・散乱され、そのほとんどは地上に届かない。わずかに届く紫外線は、私たちに「日焼け」という別の目に見えるカタチで現れることになる。日焼けとは、紫外線によって引き起こされる皮膚の変化のこと。皮膚や目、免疫系の疾患を引き起こす有害な紫外線を防御しようと、刺激を受けた表皮層が『メラニン色素生成細胞』を活性化させる。私たちの体は、茶色の色素のメラニンを分泌して日焼けすることで、紫外線の侵入を阻害し、深い部分の皮膚組織へのダメージを減らしているのだ。このメラニン色素の量や粒の大きさの違いこそ、肌の色や髪の色など、現在の地球上のさまざまな人種の違いへと繋がっている。

私たちの体からは、尿、便、汗、呼吸、不感蒸泄（気道や皮膚から蒸散する水分）などにより、一日約2.5ℓもの水分が排出されている（体重60kgの人相当）。失われた水分を補い、体内の水分量を保つために飲み水や食べ物から2～3ℓの水を日々取り入れる。一日水を飲まないと、体の約2.5%の水分が失われ、脱水症状を引き起こしてしまう。

とはいえ、体に入った水はすぐに排出されるわけではない。水は、血液やリンパ液などに姿を変えて体内の隅々まで巡り、生命を支えるために働いている。細胞がうまく働いているかを点検し、組織に乱れがあるとその情報を必要な箇所に伝えていく。水は体に入ると、まず1分以内に脳と生殖器へ向かう。10分後には皮膚組織へ。その10～20分後には心臓などの臓器、そして細胞組織へと行き渡り、体内を循環した水は約一ヶ月で入れ替わる。そのようにして体内を巡る水は、老廃物を処理してきれいな水を作る腎臓によって再生され、再利用されている。その量、一日につき約180ℓ。実に、500㎖のペットボトル360本にもなる水分を私たちは再生しているのだ。生きるためには、それだけの水が欠かせない。

ペットボトル水、水道水。それらの水の源泉が、地球には存在する。地表の約70%が海洋で覆われている"水の惑星・地球"では絶えず水が循環している。まず、太陽エネルギーにより海水が蒸発し、大気中を浮遊して雲となる。雲となった水蒸気は、やがて雨や雪となって地表へ戻り、その約65%が蒸発して再び大気へと戻っていく。それ以外は、海や湖、地下水として残り、そこに残った水もまた別のルートを辿って蒸発する。まさに「水の旅」。その水が水蒸気として大気中に滞在するのは、およそ10日間。新たな旅を求める水は、植物への旅路を進む一方で、人間や動物の体の水分となることもある。氷などの固体や液体、気体へと姿を変えながら、水はこの地球上を巡り続けている。

しかし、地球上にあるすべての水を飲めるわけではない。97%は海水。私たちは海水を飲むことはできないため、残り3%の水を利用することになるが、河川や氷河などを除けば、実際に飲むことのできる水はたったの0.0001%ほどである。

海洋70%の水の惑星。人間の体の約60%も水分。赤ちゃんともなれば約85%である。血液の90%、脳の80%、骨の1/3が水分でできている私たちは、いわば「水の生命体」だ。私たちと地球は、水を通じて循環し続けている。

水

地球上に降り注ぐ太陽の光。それを植物が利用し、酸素を発生させる『光合成』を行っているため、生命に必要不可欠な酸素が大気中に存在している。その酸素を、私たちは呼吸することによって取り込んでいる。呼吸には2種類ある。動脈血となった酸素が全身の細胞とガス交換を行う『内呼吸』と、酸素分子だけを濾して動脈へ送り、二酸化炭素を体外へ排出する『外呼吸』。つまり呼吸とは、酸素を体内に取り入れ、生きていくためのエネルギーを作り、そのことで生まれる二酸化炭素を体の外へ出すこと。ただ単に、酸素があればいいというわけではない。私たちが地球上にある酸素を利用して、上手に「エネルギーを作る」ことが大切なのである。

エネルギーを作るとは、熱を発生させること。紙や木が燃えたり、キャンドルが灯るのは、それらの物質と酸素が化学反応を起こして燃焼しているから。そのように、酸素と結合することを『酸化』という。つまり、燃焼という酸化反応によるエネルギーを使って、私たちは日々生きている。

大気中の比率は「酸素21％：窒素78％」。もしも、これが酸素ではなく「塩素」だったとしたらどうなるか。塩素は、酸素のようにエネルギーを得ることはできるが、反応性が高すぎるため生命体を破壊してしまう。塩素消毒によって微生物を殺菌できることが、その毒性の強さを物語っている。一方、もしも「窒素」のみだったとしたら、酸化反応を起こさない性質のため、モノを燃やすことはできない。

しかし、この21％という「酸素濃度」は、地球史の中で決して一定だったわけではない。ほとんど存在しなかった時代もある。現在、もしも酸素濃度が16％以下になってしまったら、私たちには『酸素欠乏症』の症状が現れる。12～16％で脈拍・呼吸数の増加。9～12％で精神不安定、体温上昇。6～10％では意識不明、痙攣を起こし、6％以下になると昏睡状態に。数分後には心停止となる。このように、酸素は有益なものではあるが、そもそもは物質を酸化させる有害な成分。逆に、もしも酸素濃度が高くなれば、山火事が多くなり地球上の有機体は燃え尽き、60％以上の高濃度酸素を長時間連続して吸えば、私たちの肺は充血し、失明や死に至る危険性が増す。酸素そのものだけでなく、その「濃度」が生命の維持に大きく関係しているのだ。現在の酸素濃度は、私たちが生きていくために、まさに絶妙な値で存在している。

酸素

重力

　イギリスの科学者アイザック・ニュートンは、庭の木からリンゴが落ちるのを見て、月もリンゴと同じように地球に引かれて落ちていると発想した。地球上の物体に働く力と、太陽系の惑星や宇宙での運動が同じ法則に由来していると唱え、自然界に存在するその力を『万有引力』とした。引力とは、物体の間で働く引き合う力のこと。そして引力と、地球の自転で生まれる「遠心力」を合わせた力が、『重力』となる。
　重力の相互作用の大きさを示す定数は『G』。その数値は「$6.67259×10^{-11}…$」と決まっている。もしもこの値が少しでも違っていたら、宇宙空間はまったく違うものになっていただろう。値が大きい場合は、宇宙の物質はどんどん引き合ってしまい、宇宙自体が100億年ももたなかったかもしれないし、小さければ物質もガスも集まってこないため、そもそも太陽も地球という惑星もなかったかもしれない。まさに、重力は切っても切り離せない存在。地球にとっても同様で、重力により月を一定の距離に置き、海水や大気を逃がさずに留めておくことができた。
　そんな宇宙のすべてに関係した重力は、私たちの日常生活にもあらゆる場面で影響を与えている。階段や坂道を登る時には多くのエネルギーを使うし、自動車が曲がる時には遠心力がかかる。スポーツのルールが成立しているのは、そもそも人間を含めたすべての物体が空中に浮かずに落ちるという前提があるから。体重計で測っている重さも、つまりは地球が私たちの体を引っ張る力を測っていることを意味している。あたり前の日常風景は、重力が作っているのだ。
　一方、私たちの体には重力の影響が明確に刻まれている。それは、私たちの「身長」。背丈がおよそ1〜2mの範囲であるのには意味がある。動物の多くが持っている『脊椎(背骨)』。四足歩行の動物は脊椎が重力に"垂直"なのに対して、二足歩行の私たちの脊椎は重力と"平行"しているため、重力から体を支える脊椎の役割は特に重要。それぞれの骨の間にクッションの役割を果たす円形の軟骨『椎間板』があり、柔軟さを発揮して圧縮しながら重力の圧迫に耐えている。つまり、もしも人間の身長が5mもあったら、脊椎がもたず歩くこともできないのだ。そんな私たちの身長は、一日の間にも変化している。直立して過ごした就寝前と、体を横たえていた起床時との身長差は約1.5〜3cm。私たちの姿は、重力の存在を表す鏡のようなものだともいえる。

月

地球の衛星である「月」。衛星とは、地球のような惑星の周りを回る天体のこと。天王星の衛星は27、土星には63もの衛星があるが、月は地球唯一の衛星だ。当然、その互いの関係は深い。

海に囲まれた日本で暮らす私たちにとって、潮の満ち引きは身近なこと。この潮の満ち引きを引き起こす『潮汐力』は、太陽と月の引力に起因している。太陽に比べて圧倒的に小さいにも関わらず、月が地球に及ぼす潮汐力は太陽よりも遥かに強い。もちろん、地球への距離が近いからだ。

月の影響をより強く受けている地球は、月に面していない側は公転により月の引力よりも大きな遠心力が生じている。一方、月に面している側では月の引力の方が大きくなるため、この力の差で潮汐を引き起こしている。『満ち潮』は、こうした力によって月に面した側とその反対側に海水が多く集まった状態なのである。

目に見える地上への影響とは別に、地上からは月の変化を見ることができる。月は、太陽と地球との位置関係により、一定の周期で満ち欠けする。月と太陽が同じ方向にある『新月』からスタートして、『上弦の月』『満月』『下弦の月』、そして再び新月へと戻る。この「29日12時間」という一定の周期を、『朔望月』と呼ぶ。

私たち人間は、古くから暮らしの中に自然とその月を取り入れてきた。現在は、『太陽暦』という周期で生活しているが、以前は朔望月で日数を数える『太陰暦』で暮らしていた。人間の生活リズムを、月の周期で測っていたのだ。それは、私たちの体の周期と一致している。例えば、女性の体に起こる『月経』。1957年、アメリカのウォルター・メナカーとアブラハム・メナカーは、月経サイクルの平均周期と1朔望月がまったく同じ「29.5日」であることを発見。さらに、人間の平均妊娠期間が『月齢』の「9ヶ月（265.8日）」という結果も発表した。また、アメリカの精神科医アーノルド・A・リーバーは、人体の約60％が水分の私たち人間も、海水の潮汐現象と同様に、月の引力の影響を受けているのではないかと提唱し、月のリズムが及ぼす生物学的な潮汐を『バイオタイド理論』と名付けた。

私たちと月との明確な関係は、まだまだ未知な部分が多い。しかし、人間が持って生まれた『体内時計』と、月の一日のリズムがほぼ同じ25時間だということを考えると、その関係は、地球と同じくらい深い可能性がある。

We are made from the EARTH.

case:1 　　　「光」と「人種」の関係。

人種によって肌や髪、目の色などが違うのは、紫外線を防御する役目を持つ『メラニン色素』が関係している。紫外線が強い地域に暮らす人種は、メラニンの量が多く、粒も大きくて丈夫。そのため、肌が黒く、虹彩（目の中心の周りのドーナツ状になっている部分）も黒い。黒い髪の場合も、メラニンの量が多く、形状は顆粒状になっている。一方、日照条件の良くない地域に暮らす人種は、メラニンの量が少ない。そのため、肌は白く、虹彩部分の色素も少ないため、グレーやブルーの目をしている。金髪はメラニンの量が少なく、形状が溶けた状態。ちなみに、黒色人種のメラニン粒の大きさは、白色人種の約2倍で、日本人の場合はその中間となる。

case:2 　　　「酸素」と「胸郭」の関係。

高地に行くほど、酸素は薄くなり、気圧は低下する。標高3000mでは、平地の気圧の約2/3にまで下がる（富士山3776m・エベレスト8848m）。そこでは、息を吸っても酸素が体内に入りづらく苦しくなるため、より多くの酸素を取り込み、効率よく全身に酸素を運ぶよう胸郭が『樽型（樽状胸郭）』になるとの学説がある。標高3600mの南米ボリビアに暮らす人々は、遺伝的に樽状胸郭を持つとされている。また、低酸素環境では赤血球が増え、血液に粘り気が出て濃くなるため血液を送るのに力がいる。そのため、高地に暮らすペルー人やチベット人は、肺に血液を送る心臓の『右心室』が発達しているといわれている。

case:3 　　　「酸素」と「鼻」の関係。

昔から、日本語では鼻を「高い」「低い」と表現するが、英語やドイツ語などでは鼻が「長い」「短い」と表現する。『鼻示数（鼻幅の鼻高に対する100分比）』が低ければ、相対的には鼻が長いことになる。鼻示数は低緯度地方では高く、高緯度地方では低い。高緯度の寒冷地では、肺に高温多湿の空気を送るために空気を温める時間が必要で、長い鼻腔、鼻示数が低いほうが有利となる。黒色人種の鼻示数は100以上、白色人種は約66。日本人の場合は70〜90程度で、鼻腔に広がりがあるのが特徴。寒冷地でも肺の要求を満たすことができるが、それはシベリアの『北方モンゴロイド』の鼻を継承しているからとされている。

case:4 　　　「水」と「体液」の関係。

人間の汗の成分の0.7%は『ミネラル』。ミネラルとは、五大栄養素の一つで、不足すると貧血や糖尿病などの病気を引き起こす可能性がある。地球上には、そのミネラル含有量で分類される『硬水』（1ℓあたりカルシウムとマグネシウム量：120mg以上）と、『軟水』（同：120mg以下）の水の種類がある。雨水が地層に染み込む際に、カルシウムやマグネシウムの多い地層を通ると硬度が高い水となり、さらに浸透に時間がかかると硬水に、早く湧き出てくると軟水になる。ヨーロッパでは硬水、日本では軟水が多い。軟水は、体への浸透が早く吸収性に優れているといわれており、硬水は、便秘解消や血管を柔らかくするとの見解がある。

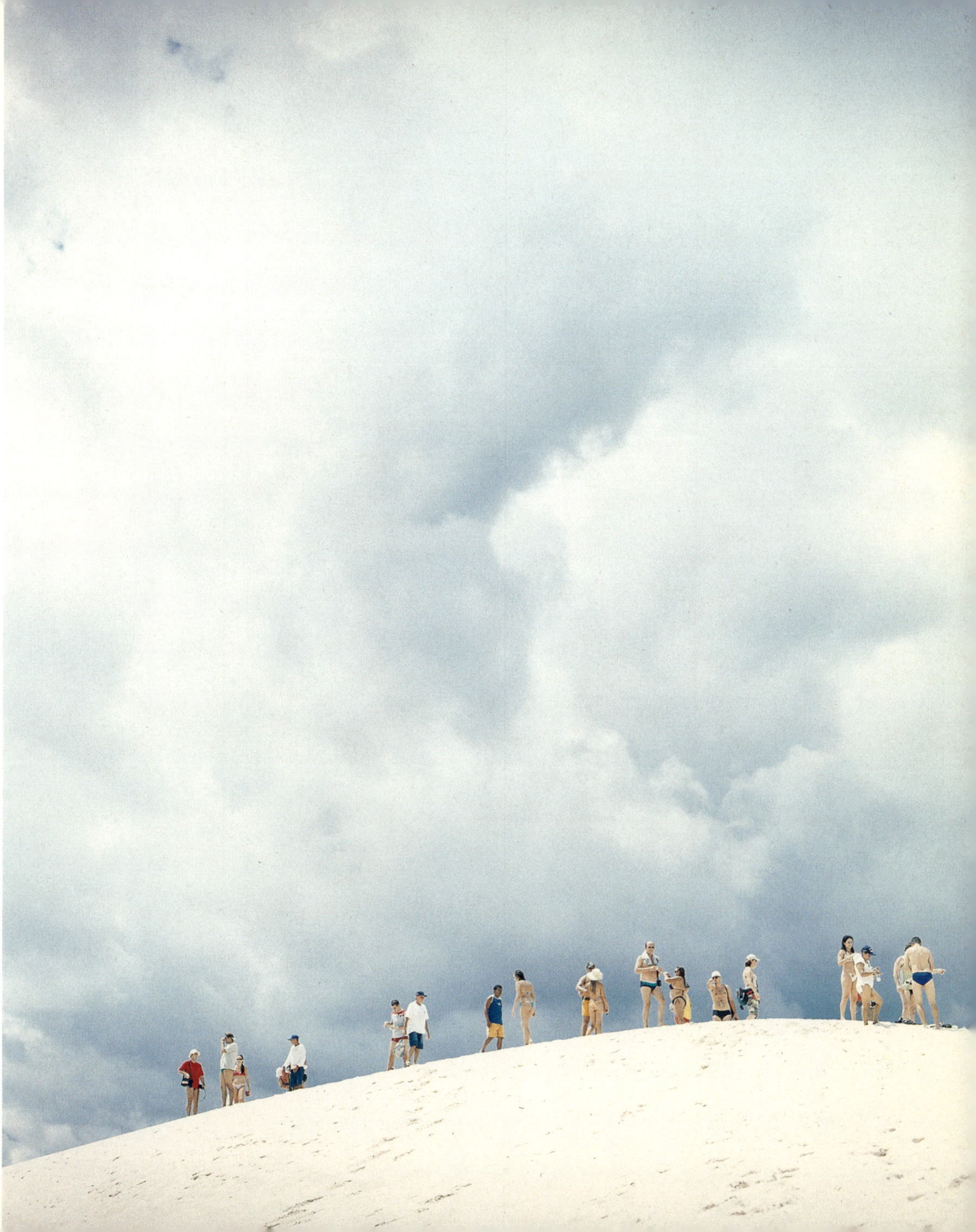

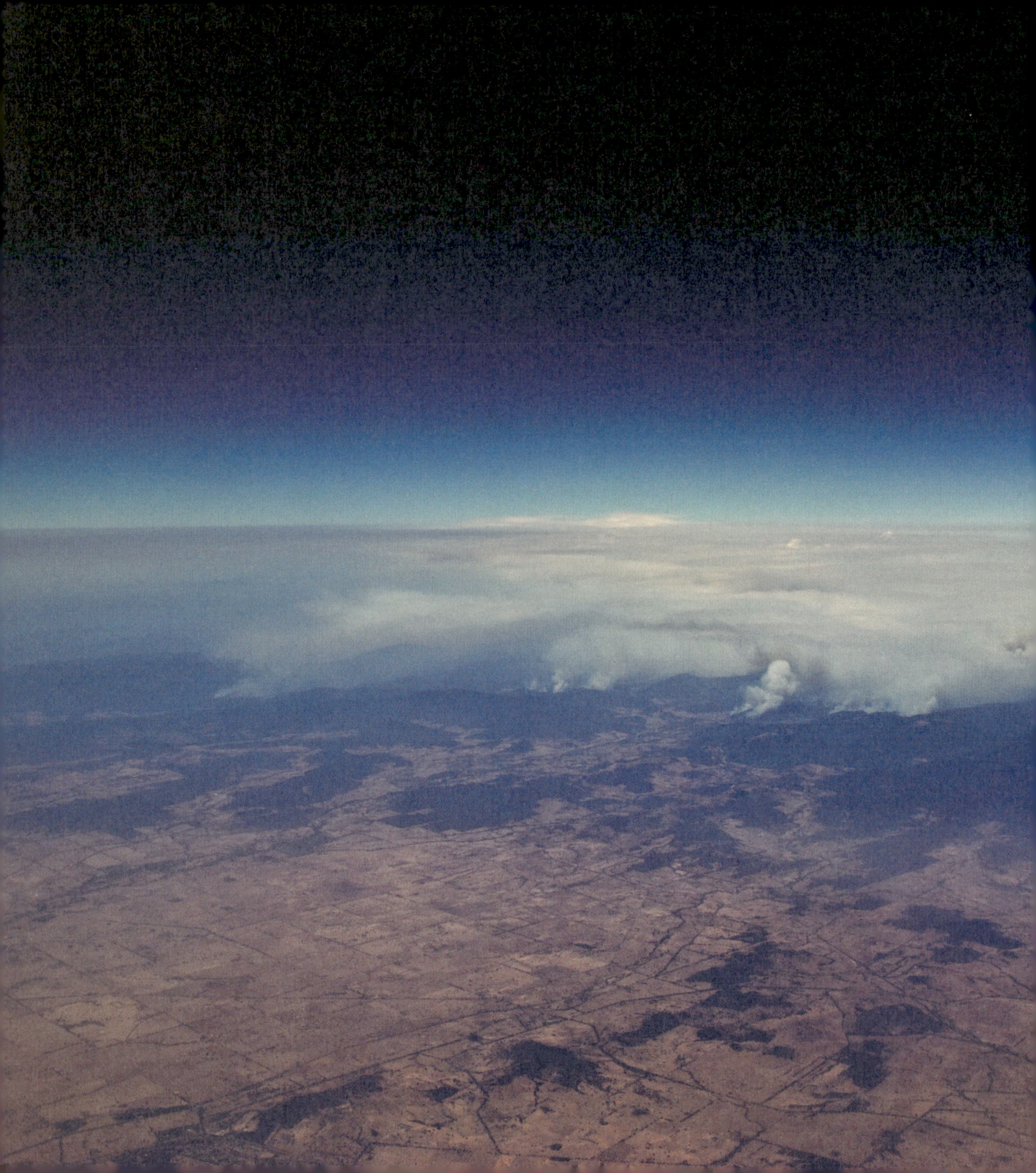

第 2 章　　わたし　と　地球の物語。

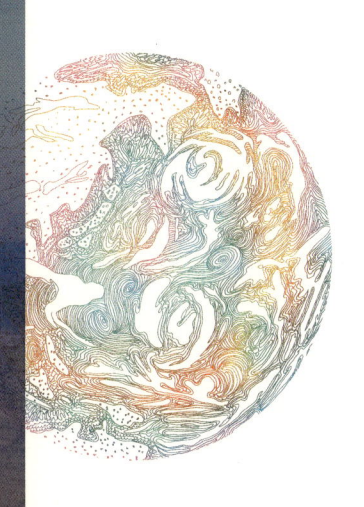

7月初旬	7月下旬			11月上旬	11月下旬
全球凍結	ハイパーハリケーン後海がかき混ぜられた			再び全球凍結	イアペタス海の誕生と消滅

```
        20            15             10             5      4
  |-----|-------------|--------------|--------------•------|
  7     8             9              10            11     11.15    12.1
```

11月16日
エディアカラ生物群の出現

9月5日
多細胞生物の誕生

11月21日
カンブリア生命の大爆発

1月1日
地球誕生

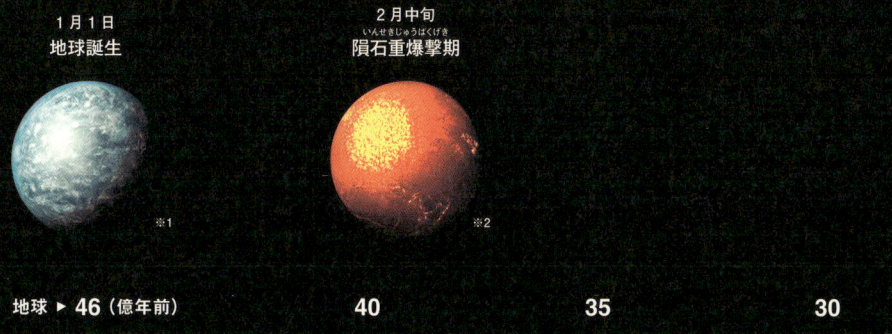

2月中旬
隕石重爆撃期

地球 ▶ 46（億年前）　40　　　35　　　30　　　25

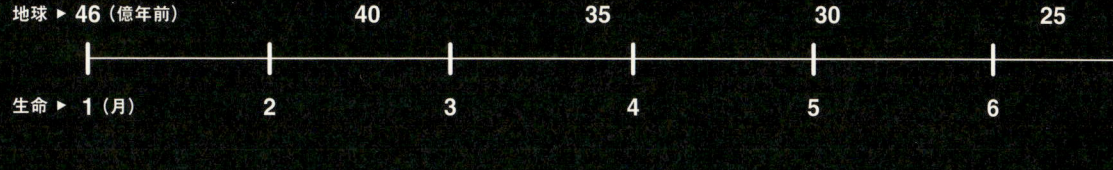

生命 ▶ 1（月）　2　　3　　4　　5　　6

2月中旬
生命誕生

6月上旬
シアノバクテリアが
酸素を作り始める

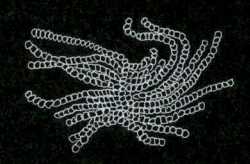

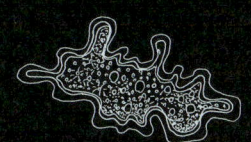

My chronicle and the EARTH
──わたしの地球年代記

地球46億年の歴史を一年間で表した年代記。
地球誕生は「1月1日0時」、現在は「12月31日24時」で、1秒は約150年前後。
例えば、700万年前の私たち『人類』の誕生は「12月31日10時40分」となり、
20万年前の『ホモ・サピエンス』の誕生は「12月31日23時37分」となる。

第2章は『NHKスペシャル 地球大進化 46億年・人類への旅』を参考に編集しています　写真提供（地球CG）：NHK
※このページの年代記の日付はあくまで目安です

地球の変化と、生命の進化。
地球上の多種多様な生命も、辿ればたった一つの共通祖先で、
わたしの姿には、祖先たちの生き抜いてきた証が記憶されている。
それは46億年にわたる、わたしと地球の物語。

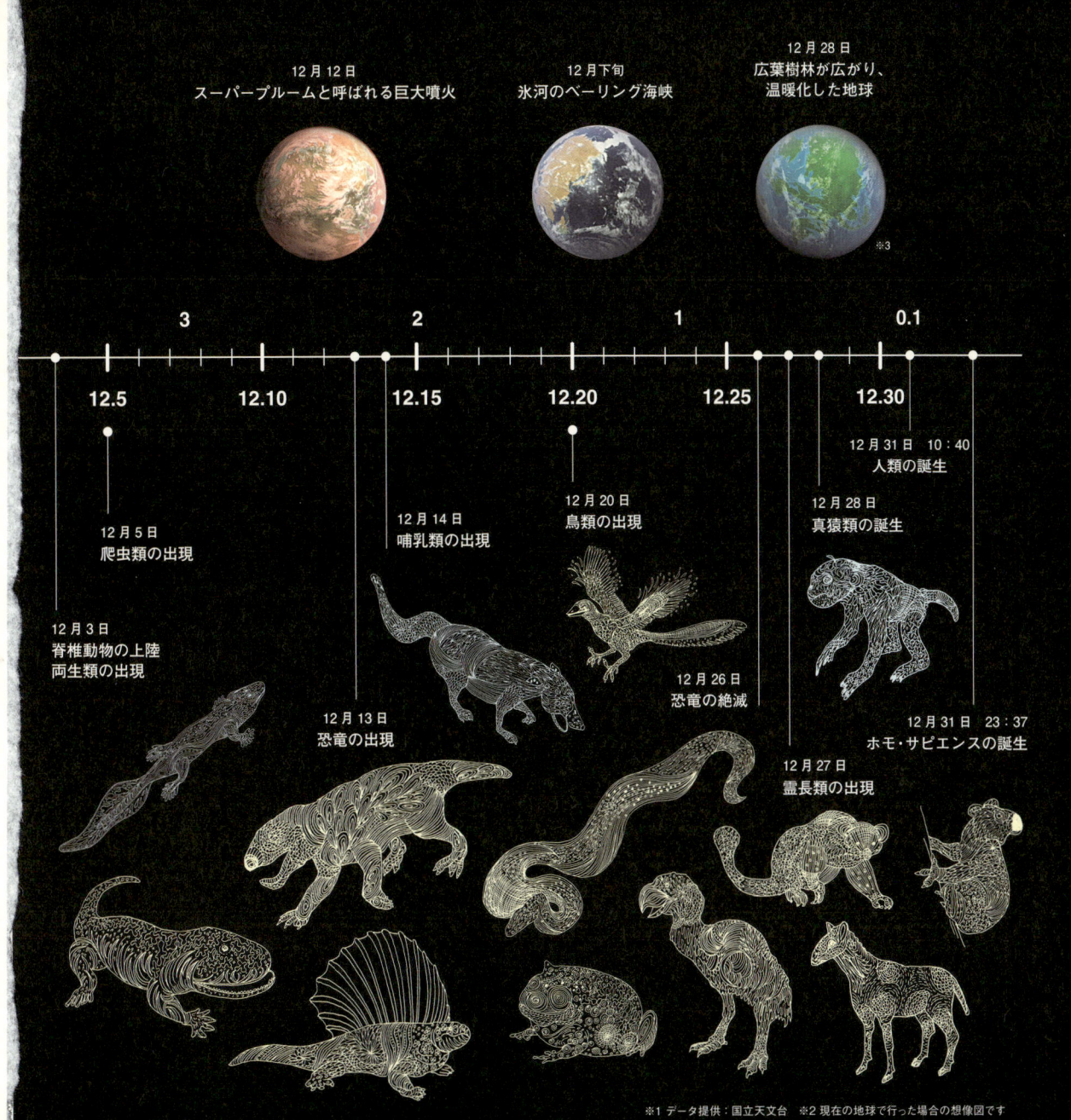

12月12日
スーパープルームと呼ばれる巨大噴火

12月下旬
氷河のベーリング海峡

12月28日
広葉樹林が広がり、
温暖化した地球

※3

12月5日
爬虫類の出現

12月3日
脊椎動物の上陸
両生類の出現

12月14日
哺乳類の出現

12月13日
恐竜の出現

12月20日
鳥類の出現

12月26日
恐竜の絶滅

12月27日
霊長類の出現

12月28日
真猿類の誕生

12月31日 10:40
人類の誕生

12月31日 23:37
ホモ・サピエンスの誕生

※1 データ提供：国立天文台　※2 現在の地球で行った場合の想像図です
※3 Ron Blakey, Northen Arizona University

星くずから地球へ

私たちの惑星、地球。真っ暗な宇宙の中で青く輝くふるさと。この地球はいつどのようにして誕生したのだろうか？
　ここでは現在の標準的な考え方を紹介しよう。
　いまから約46億年前、銀河系のかたすみでガスと塵の雲から太陽が誕生した。生まれたての太陽の周りには残りのガスと塵がとりまいて、円盤のような形をしていた。地球をはじめとする太陽系の惑星は、この円盤から誕生したと考えられている。
　このガスは水素とヘリウムなどからなっており、塵は1/1000mmくらいの大きさの固体で、主に重い元素でできている。星は水素を燃やす（正確には核融合させる）ことで輝いていて、実は水素の燃えかすが重い元素だ。星は燃やすものがなくなり死を迎える時に重い元素を宇宙にまき散らし、これが塵となる。つまり、塵は太陽が生まれる前に生きて死んだ星の"星くず"なのだ。この塵が地球のもとになる。
　円盤の中では塵が集まり、まず『微惑星』と呼ばれる小さな天体が形成される。その数は太陽系全体で数百億個にものぼり、これらが惑星のもとになる基本の天体だ。現在の地球の場所には、大きさは数kmで重さはおよそ1000兆kgの微惑星があった。その微惑星と地球の重さを比べてみると、地球を作るのには数十億個の微惑星が必要なことがわかる。微惑星は太陽の周りを回りながら、重力で引き合い、時々衝突して合体し、大きくなっていく。そしてやがて、『原始惑星』と呼ばれる天体となる。原始惑星は惑星より小さめの、惑星になる前の段階の天体のこと。現在の地球の場所では、100万年くらいかけて地球の約1/10程度の重さの原始惑星が10個ほどできる。その原始惑星がさらに1億年くらいかけて、重力で引き合い、衝突と合体を繰り返す。そうして、地球が完成する。微惑星や原始惑星の合体の時に天体をくっつける"のり"の役目をするのが天体の重力。重力は引力なので衝突した2個の天体を引きつけて一個にしてしまう。
　このように塵から始まり、微惑星、原始惑星、地球へと、こつこつと星くずを集めることで地球が誕生する。「塵も積もれば地球となる」、ということだ。

国立天文台／理論天文学者　小久保英一郎

4,000,000,000 years ago ——— 40億年前

全海洋蒸発 ［隕石重爆撃期］

地球誕生後、地上には何度も隕石が降り注ぎ、
特に巨大な隕石の場合には、衝突時のエネルギーによって地殻はめくれあがり、海はすべて蒸発した

Origin of Life
生命

38億年前のわたし＝バクテリア Bacteria（古細菌）

世界最古の生命の痕跡は、グリーンランドのイスア地方で約38億年前の堆積岩の中から発見された。『シアノバクテリア』と呼ばれる細菌。私たちすべての生命の始まりは1/100mmほどだった。細菌とは、原核細胞を持つ単細胞の微生物のことで、中心にはDNAを持つが、生命活動の基礎となる原形質に明瞭な核を持たない生物の一群。『古細菌』『真性細菌』などの種類がある。現生する細菌のほとんどは真性細菌で、人間の体内にいる大腸菌や発酵食品を作る菌などがその仲間。古細菌は、熱水が噴出している海底や死海などの異常環境に住む細菌で、沼地などにいる『メタン菌』もその一種である。生命誕生から数億年の間は、急激な温度変化や不安定な地球環境の中で、このような古細菌が主に生息していたとされている。

どうやってわたしと地球は始まったのか？

地球の始まり

46億年前。原始の地球には、生命はまだ存在していなかった。地上は"赤い光"に満ちた世界。大きさも現在のわずか1/10で、大陸も存在していない。その頃、太陽の周りには十数個の原始惑星がひしめきあっていたが、互いの重力により軌道がずれた惑星は衝突を繰り返していた。惑星は衝突の回数が多いほど大きくなる。地球は10個のミニ惑星によってできた星。その10回目の衝突『ジャイアント・インパクト』が、現在の地球と生命の運命を大きく変えた。強大な衝突は、岩石の破片を土星の輪のように散らし、その破片同士がまた衝突を繰り返す。やがてそれが一つの大きな塊となった。これが、月の誕生。月という衛星を持つ現在の地球が、この時誕生した。

生命の始まり

生命誕生の瞬間は、まだ解明されていない。その時期は38億年、早ければ43億年前とも考えられている。いずれにしても、地球は広大な"海"と"大気"を持つ稀有な惑星となった。もしも惑星の衝突が起こらず、地球が現在の大きさにならなかったら、重力によって海も大気も

46億年前

地球に留めることはできず、私たちの祖先が生まれていたか定かではない。海は生命の源だからだ。現在のヒトの体の成分は、主に酸素、炭素、水素などで構成されているが、"炭素"は生物すべてにとっての構成物質。私たちの祖先、単細胞生物のバクテリアもまた、海水から炭素を含む栄養分を取り込んで、わずか1/100mmの大きさで海に漂いながら生きていた。

巨大隕石の衝突

生命の起源を左右した地球の大きさ。その大きさゆえに災いも導いた。40億年前、直径400kmの巨大隕石が何度も衝突したという『隕石重爆撃期』があった。巨大隕石は、衝突したそのエネルギーで地殻をめくり上げる"地殻津波"を巻き起こした。岩石を気化させる衝突点の温度は4000℃以上。その"岩石蒸気"は一日で地球全体を覆い地表を焼き尽くした。海も塩もすべてを蒸発させた『全海洋蒸発』。1000年後、ようやく蒸発した海水が雨となって降り始める。年間降水量3000mm。現在の熱帯地方と同じくらいの雨が断続的に2000年近くも降り続くことで、生命の源の海がついに回復した。その頃、地底数千mの深さで生き延びていた生命は、地下から海水へと再び戻ってきたのである。

43億年前

40億年前

600,000,000 years ago ——— 6億年前

スノーボールアース ［全球凍結］

地球全体が、氷に覆(おお)われた−50℃の世界。
地球史上二度目の全球凍結期で、海水は深さ1000mまで凍(こお)りつき、生命にとって"暗黒の時代"だった

Origin of Spine
脊椎

6億年前のわたし＝**ピカイア** Pikaia

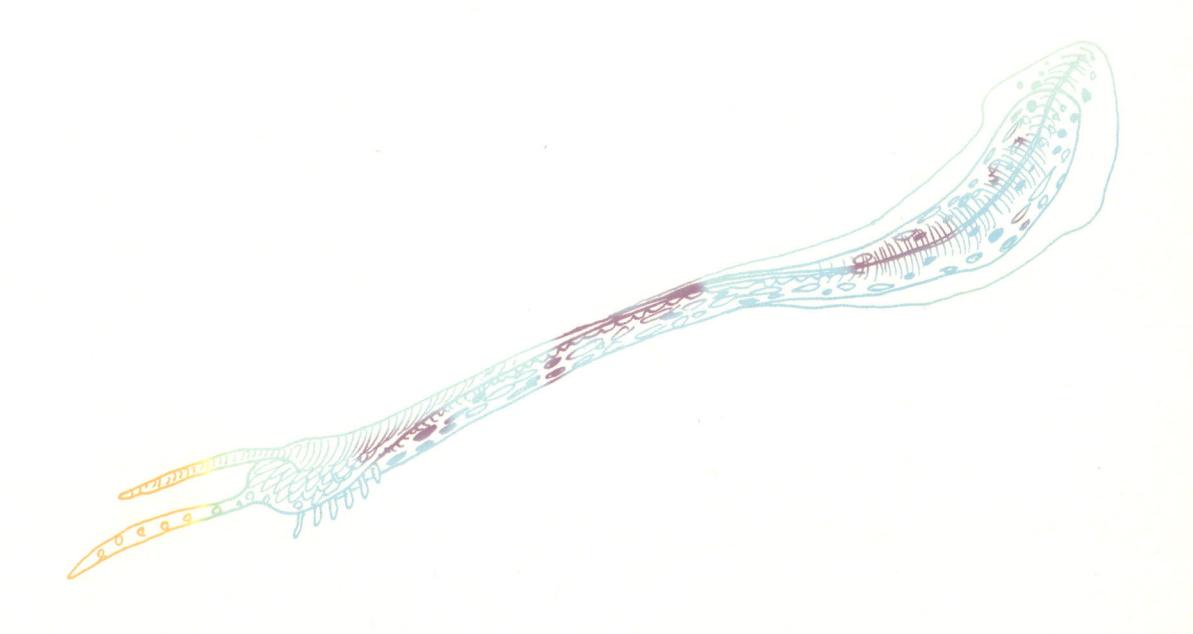

最初に背骨のような器官を持った生物は『ピカイア』だといわれている。体の中に『脊索』と呼ばれる棒状の芯のようなものがあり、これが後に私たちが持つ背骨となった。体長4〜5cmほどのこの生命は、体をくねらせながら海を泳ぎ、現在の生物では『ナメクジウオ』や『ホヤ』の幼虫に似ているとされる。スノーボールアース以降、大量の酸素によって作られたコラーゲン。その網目のような線維の間で細胞が増殖してできた脊索。生物は、縦にも横にもさまざまな形を作りだした。その後、脊索は『脊椎』に成長し、四肢動物に見られるような中央付近で湾曲する形状となり、何十億年も経った現在でも、私たちを含めた脊椎動物の根幹として受け継がれている。この頃に豊富な酸素によって生まれた生物たちを『エディアカラ生物群』と呼ぶ。

どうやってわたしは大型化したのか？

凍りついた地球

6億年前。地球には光合成生物が繁殖し、酸素を生み出していた。気候は、メタン菌のメタンガスにより温暖であったが、酸素とメタンは互いに反応しやすい成分。シアノバクテリアなどにより放出される酸素が一定量を超えるとメタンとの反応が急激に進んで、ついにはメタンを消滅させることになる。温暖だった地球の気候は寒冷化し始め、やがて海面が凍っていった。地球全体が氷に覆われた－50℃の世界。地球史上二度目の『スノーボールアース（全球凍結）』と呼ばれる大寒冷期である。海水は、水深1000mまで凍りつき、光のまったく届かない海底では光合成生物が死に絶える。地球は、生命にとって"暗黒の時代"を迎えたのである。

－50℃下の火山活動

数百から数千万年もの間続いたといわれる『全球凍結』期。太陽の光をすべて反射してしまう氷の白色は、地球をより一層寒冷化させた。一方、永遠に続くかに思われた暗黒の時代にも"火山活動"は継続していた。この海底奥深くのマグマの熱によりかろうじて生き延びた生物もいた。火山は大量の二酸化炭素を排出する。しか

7億年前

し、海面が凍っているため水に溶けることなく大気中に留まった。溜まり続けた二酸化炭素の濃度は現在の数百倍。やがてそれが温暖化を引き起こすことになった。－50℃から＋50℃の世界へ。氷河は溶けて海へと戻り、さらに海水を大量に蒸発させた。その蒸発は、巨大な『ハイパーハリケーン』を生みだした。中心気圧300hPa（ヘクトパスカル）、最大風速300m以上。

酸素濃度20％の地球

巨大なハリケーンは、高さ100mもの津波を引き起こし、海全体をかきまぜた。これが光合成生物の生存環境を整えることになる。全球凍結期は生物が少なかったため、地底から湧き出る"栄養分"は使われずに海底に溜まっていた。その栄養分が浅い海まで運ばれたことで、光合成生物が再び爆発的に増加したのだ。同時に"酸素"も大発生した。現在とほぼ同じ「酸素濃度20％の地球」の誕生。余った酸素は生物の大切な源の"コラーゲン"を大量に育成した。血管や骨の90％を構成する成分。網目のようなコラーゲン線維の間で細胞が増殖し、生まれてきたのが『脊椎』を持った大型の生物である。生命の誕生から30億年以上。私たちの祖先がようやく目に見える程度に大型化した瞬間だった。

5億4000万年前

450,000,000 years ago ——— 4億5000万年前

イアペタス海の誕生と消滅

地球の大陸移動により、豊かな生命を育む『イアペタス海』が誕生したが、再びの移動により消滅。
地上には"淡水（すみか）"という新たな住処が誕生した

Origin of **Hands**
手

3億6000万年前のわたし ＝ **アカンソステガ** Acanthostega

全長およそ1mの四肢動物で、初めて"手"の原型を持ったといわれる『アカンソステガ』。魚類と陸上四肢動物の中間的な特徴を持っているため、化石は貴重な資料となっている。魚類の"前ヒレ"だった部分が"腕"となって発達し、8本もの"指"がついていた。手首にあたる部分の骨は未発達で、ひじを曲げることはできない構造のため、陸地では体を支えることができず、水中生活に必要だった器官だと考えられている。手の原型が発達した主な理由は、陸に近い水際での生活は、大量の枝葉や水草をかき分けねばならず、水底をつかみながら進むことに便利だったから。この器官が、後に生物が淡水の世界から脱して初上陸を果たす一歩へと繋がった。私たちの手の始まりは植物との出合いからだった。

なぜわたしは陸へ上がることができたのか？

陸の移動と海の消滅

4億5000万年前。内陸にはまだ生命はいなかったが、海では脊椎を持ったさまざまな魚やサンゴ、『三葉虫』などが暮らしていた。そこに厳しい生存競争を促す大事件が起きる。「大陸移動」だ。地球の大地はいくつものプレートの上に乗っているため、地下のマントル対流によって大陸の移動が起こる。そして、大陸の変化は海の形を変える。当時、生命が豊富に生息していた『イアペタス海』も消滅し、生存競争が激化した。一方、陸地にも大きな変化が起きる。大陸の衝突により4000万年かけて誕生した『カレドニア山脈』。8000m級の巨大な山脈は、雲を遮り、雨を降らす。やがて、その雨は川や湖を作り、海の生物にとって新たな故郷となる場所を誕生させようとしていた。塩分を含まない「淡水」の世界。

「地球最初の木」の上陸物語

この頃、地上では地球最初の木でシダ植物の仲間『アーキオプテリス』がいち早く上陸を果たしていた。大気中に酸素がなかった時代には有害な紫外線が降り注いでいたため、植物も水中に生息していた。この環境を変えたのは植物の光合成。生み出された酸素が大気中に蓄

4億5000万年前

積されたことで、特定の紫外線をカットするオゾン層が形成された。水面近くまで進出した植物は、やがてコケのような種類から上陸を果たす。そして、初めて"成長する幹"を持った木がアーキオプテリスだった。高さは最大20m。地中深く根を張って土壌を安定させ、太陽に照らされ続けた大地に木陰を生んだ。落葉は、淡水に暮らす生物にとって栄養分となった。海を追われた魚に淡水の新しい住処を提供した。

「淡水世界」からの上陸物語

淡水の世界もまた、厳しい生存競争の環境だった。体長5mの淡水魚がいる一方で、私たちの祖先『アカンソステガ』は1mほど。それゆえに進化した器官が多くあった。淡水は乾季になると水位が下がり、水中の酸素が少なくなる。食道の一部を変形させたのが"肺"の機能だ。またアーキオプテリスは、枝ごと葉を落とす珍しい植物で、私たちの祖先は強者から隠れるように川に堆積した木の枝の陰で暮らした。その大量の枝や葉をかき分けるために"ヒレ"を進化させたのが"手"の原型。生息しづらい浅瀬で暮らした祖先は、やがて進化させた手を持つ生物となって、水の世界に別れを告げる。ついに、地上の世界へと上陸を果たしたのである。

3億6000万年前　　　　3億5000万年前

250,000,000 years ago ——— 2億5000万年前

スーパープルーム

超大陸『パンゲア』で生命が繁栄していた頃、地球史上最大の噴火が起き、低酸素時代が到来。
生命の95％が絶滅した

Origin of **Mammals**

胎生

1億2500万年前のわたし ＝ **エオマイヤ** Eomaia

約1億2500万年前の地質から見つかった『黎明期の母』と呼ばれる現生哺乳類の祖先。体長が10cmほどのネズミによく似た形で、胎内で子を育て産む "胎盤" を持つ有胎盤類である。『胎生』という出産システムは、低酸素時代に生まれた機能といわれている。胎盤を通して栄養分などを与えるため、『卵生』と比べて繁殖の効率は向上するようになった。事実、ある時期を境に卵生の代表格であった恐竜は絶滅し、哺乳類は現在も繁栄している。また、胎生より以前に低酸素の環境に対応した器官に『横隔膜』がある。筋肉の伸縮によって肺の空気を効率的に出し入れができる。横隔膜も胎生も、2億5000万年前の大量絶滅後に変化した酸素の少ない地球環境下で、種を存続させるための大切な進化であった。

61

なぜわたしは母親のお腹の中で育つのか？

史上最大の巨大噴火

海から上陸して1億年。植物は光合成を盛んに行い、酸素濃度も高い。私たちの祖先『キノドン』をはじめとして、『双弓類』と呼ばれた恐竜の祖先などが、豊かな生態系を保って暮らしていた。しかし、転機はまたも大陸移動によって引き起こされる。3億年前に誕生した『超大陸パンゲア』で陸地は一つになっていたが、その影響で海底の岩石が地球の核に向かって落ち込み始めていたのだ。2億5000万年前、岩石がマグマに落ちた反動で『スーパープルーム』と呼ばれる直径1000kmものマグマ上昇流が起こった。地上では、高さ2000m以上の史上最大の溶岩の噴火。50km以上も続く大地の割れ目から、マグマがカーテンのように次々に放出された。

史上最大の大量絶滅

大噴火により現在の約15倍もの二酸化炭素が噴出した地球は、急速に温暖化が進んだ。そして、その気温上昇が海底の"メタンハイドレード"を溶かし始めたことにより、さらに温暖化するという悪循環。メタンには、二酸化炭素の20倍の温室効果がある。光合成植物が死滅したことに加え、メタンと酸素が融合してしまったこ

2億5000万年前

とも重なり、酸素濃度は30％から10％へと低下した。生物の繁栄にとって致命的な「低酸素時代」の到来で、実に95％もの動植物が死滅。1億年という途方もなく長い年月を経て、ようやく低酸素下の地球に再び生態系が育まれるが、大量絶滅前とはまったく違う様相を見せる。体長数十mもの大きさを持つ新しい主役の登場。『巨大恐竜』の時代だ。

低酸素時代の繁栄

恐竜は、低酸素時代を生き抜くための"新しい呼吸器官"を持っていた。肺の横に『気のう』と呼ばれる別の袋を持ち、常に新鮮な空気を溜め込む呼吸システム。一方、哺乳類となった私たちの祖先は、ネズミほどの大きさに逆戻りし、恐竜から逃げるように森で暮らしていた。哺乳類は、肋骨を減らし呼吸を補助する『横隔膜』を持つことで低酸素に対応。この呼吸器官の差がそのまま繁栄の差となったが、少なくなった肋骨は副産物を生む。『胎生』という新しい出産システムだ。胎生は、卵生に比べてより多くの酸素と栄養分を子どもに与え、確実に生み育てることができる。1億年以上にわたって繁栄した恐竜は小惑星の衝突で絶滅したが、私たちの祖先は生き延びたのである。

1億5000万年前

1億2500万年前

55,000,000 years ago ——— 5500万年前

広葉樹林全盛期

恐竜絶滅後の地球は、再び大陸分裂により温暖化。
花や木の実をつけた広葉樹林の緑溢れる地球となったが、長くは続かず再び寒冷化へ突入した

> Origin of Vision
> 視力

3500万年前のわたし ＝ **カトピテクス** Catopithecus

『カトピテクス』は、3500万年前の寒冷化時代に誕生した『霊長類』で、その中の『真猿類(しんえんるい)』に属する。同じ霊長類の『ショショニアス』は、光の少ない"夜"行性だったため目のサイズは大きかったが、カトピテクスは"昼"の世界で暮らしたため、自然と小さくなった。また、眼球を取り囲む薄い壁『眼窩後壁(がんかこうへき)』ができたことが最大の特徴で、食事などの動作中でも目の位置が安定して視線が定まり、モノがくっきりと見えるようになった。厳しい環境を生き抜くための"高い視力"の獲得。寒冷化により少なくなった食べ物をほかの動物より先に見つけることができ、においを頼りに食糧を探していた『原猿類』に比べると、栄養状態も良くなった。また、相手の表情が見分けられるようになったことで、コミュニケーション能力が発達した。

なぜわたしは営むのか？

恐竜絶滅後の危機

恐竜の絶滅後、5500万年前。私たちの祖先は、『カルポレステス』という全長15cmの霊長類の仲間で、親指を内側に曲げることが可能な器用な"手"を持つ猿の祖先として森の中で暮らしていた。恐竜が去った後も別の種が地上を席巻していたのだ。全長2mの巨鳥『ディアトリマ』。一方、そのわずか1/40の体重しかなかった哺乳類の『ハイエノドント』。ハイエノドントは集団行動を得意とし、ディアトリマを駆逐した。"肉食哺乳類"の時代。地上はまだ私たちの祖先にとってはとても危険な場所だった。しかし、再び「大陸大分裂」が起こる。高温のマグマが大量のメタンガスを放出させ、20℃近くも温度を引き上げ、一気に温暖化が加速した。その結果、被子植物が繁栄し大木の森が生まれた。

『樹冠』という名の楽園

当時の森はほとんどが『針葉樹』だった。しかし、温暖化が進むにつれ『広葉樹』の森が形成された。葉を横に広げて成長する広葉樹は、木と木の間に"重なり合った空間"を作るため、危険の伴う地上に降りずに暮らすことができる場所だった。地上から離れた新しい世界『樹

5500万年前

冠』が誕生した。その森の生活で、飛び移る木の距離感を正確に把握するために進化したのが"目"である。それまで、顔の横に位置していた目が顔の"前方"へと変化した。視野は狭まるが"立体視"が可能となった。しかし、楽園は永遠には続かない。再び大陸が分裂し、今度は、地球全体が冷え始めた。樹冠の森は急速に失われ、少ない食糧を見つける生存競争が激化した。

「群れ」から「社会」へ

私たちの祖先は、まだ地上に降りることを選択しなかった。さらに目が進化したことで、この生存競争を生き抜いたのだ。眼球の後ろにできた薄い壁『眼窩後壁』による視線の安定。そして『フォベア』という視細胞ができたことでの視力の向上。こうした目の進化は、生物としてまったく新たな進化をもたらした。"表情の違い"を見極められるようになったのである。表情の認識は、"個性"の認識の始まりでもあった。豊かな表情を持つチンパンジーやゴリラ、そしてヒトに繋がる祖先の誕生。ついに生命は、本能としての「群れ」から、協力関係を生む「社会」へと、営むことの"意味"を進化させた。一個体を超えて共に生きていくための一歩を、この時に踏み出したのである。

3500万年前

| 巨 大 恐 竜 の 時 代 |

2億2000万年前、針葉樹やシダの仲間が生い茂る原野に恐竜たちは暮らしていた。全長2mほどだが、共食いをするほど気性が荒い『コエロフィシス』や、全長10mの『フィトサウルス』が二本の足で大地を駆け回っていた。多くは水辺に生息していたが、その後の乾燥化で絶滅、恐竜の時代は終わったかに見えた。ところが7000万年後、再び地上を制したのは、もっと巨大で獰猛な恐竜たちだった。大きな牙を持つ肉食の『アロサウルス』や、草食ながら尻尾に攻撃用のスパイクを持つ『ステゴザウルス』などの熾烈な戦い。それらを凌駕したのが、進化の頂点を極めた『スーパーサウルス』だった。全長33m、重さ40ｔ。地響きを立てながら、一日に500kgもの食用植物を求めて移動する。巨大化により獲得した寿命は、100年とも200年ともいわれている。しかし、大地の支配者として大繁栄した恐竜と同じ頃に誕生していた哺乳類は、7000万年経ってもネズミくらいの大きさのまま変わることがなかった。体長10〜15cm。寿命はわずか2年ほど。恐竜に独占された地上には、哺乳類が活躍できる場所はほとんど存在していなかった。

―― 恐竜VS哺乳類　1億5000万年の戦い ――

恐 竜 に デ ザ イ ン さ れ た 哺 乳 類

約2億2000万年から6550万年前。地球上を制していたのは巨大恐竜たち。
私たちの祖先である小さな哺乳類は、恐竜たちの陰に隠れるようにひっそりと暮らしていた。
恐竜同士の死闘とは別に繰り広げられたもう一つの戦い、"恐竜"対"哺乳類"。
1億5000万年にわたるこの戦いの中に、現在の私たちの繁栄の原点がある。

哺乳類の進化

哺乳類が生き残るために辿り着いたのは、"夜の世界"だった。月明かり以外は、まったく光がない闇夜の森の世界。隠れるように恐竜が寝静まってから主食の昆虫を探す暮らしだったが、暗闇で見つけられる食糧には限界がある。ところが、この虐げられた環境が、特定の器官の進化を促すことになる。『聴覚』の発達だ。闇夜の世界では、目でなく耳だけが頼りとなる。昆虫のわずかな音を聞き逃さず、素早く捕まえなければならない。そして聴覚の発達は、期せずして脳の進化を誘発した。音の種類を分析し、処理するための器官。さらに、食べ物をすりつぶす『臼歯』の発達で、より脳に刺激を与えた。食糧も少なかった上に、大量のエネルギーを消費する脳の進化は、哺乳類を短命であり続けさせた。しかし、短命ゆえに私たち祖先は最終的に生き残ることになる。恐竜が100年を生き抜く間に、寿命が2年の哺乳類は50世代で命を繋ぐ。必然的に進化の回転が早まったのだ。小惑星の衝突による劇的な環境変化に適応したのは、恐竜ではなく、哺乳類の多様な種。進化は、地球環境との関係だけでなく、同時代を生きた生命同士の戦いによっても促されたのである。

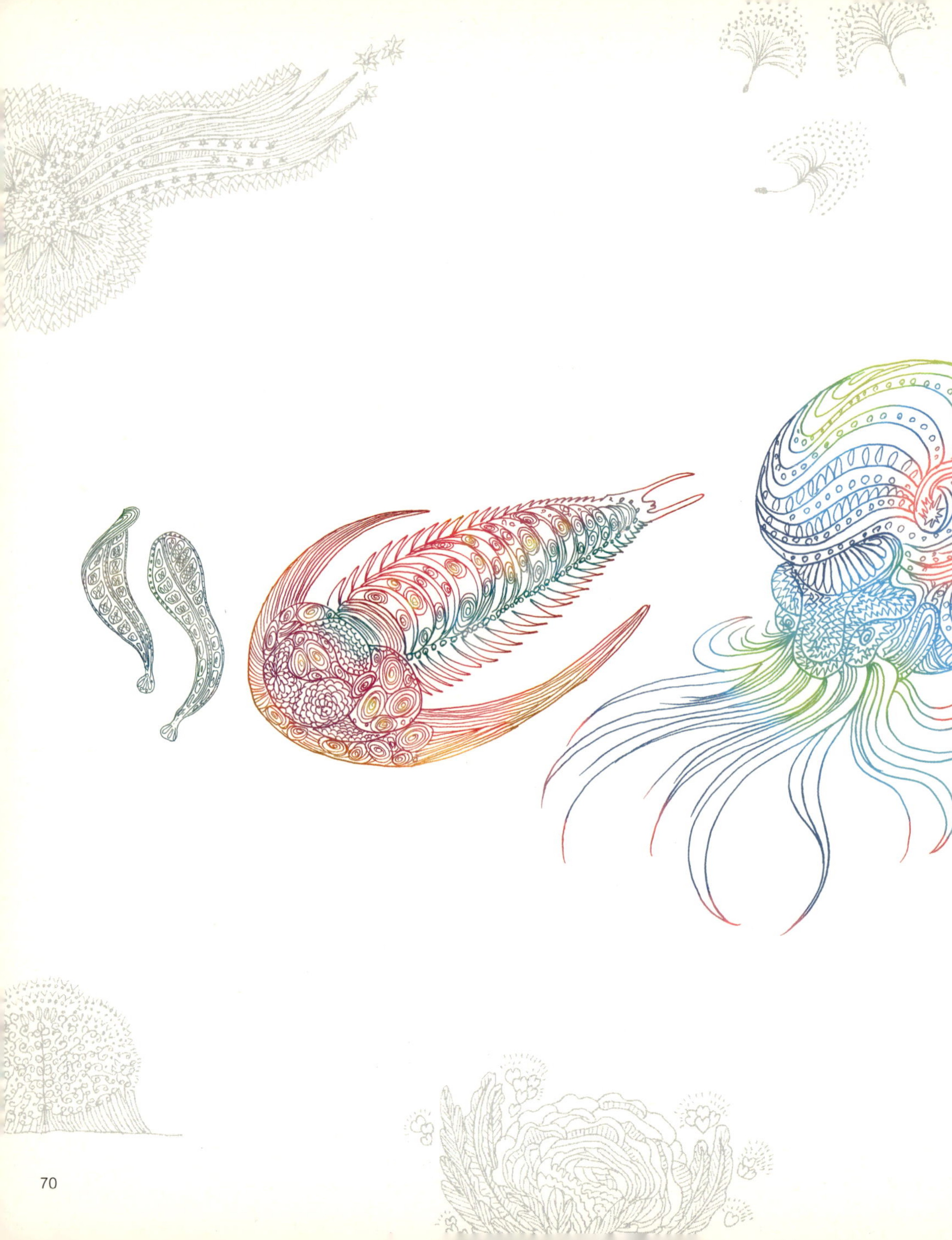

71

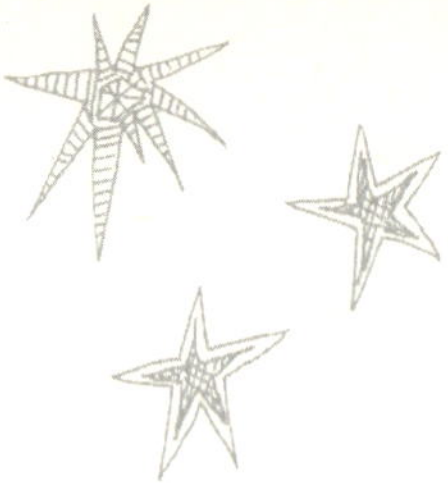

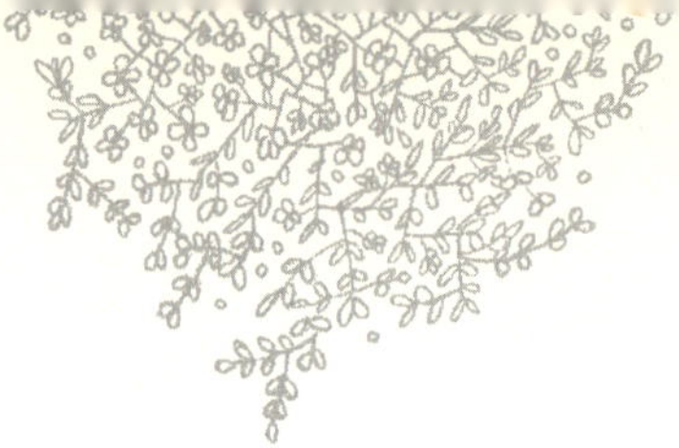

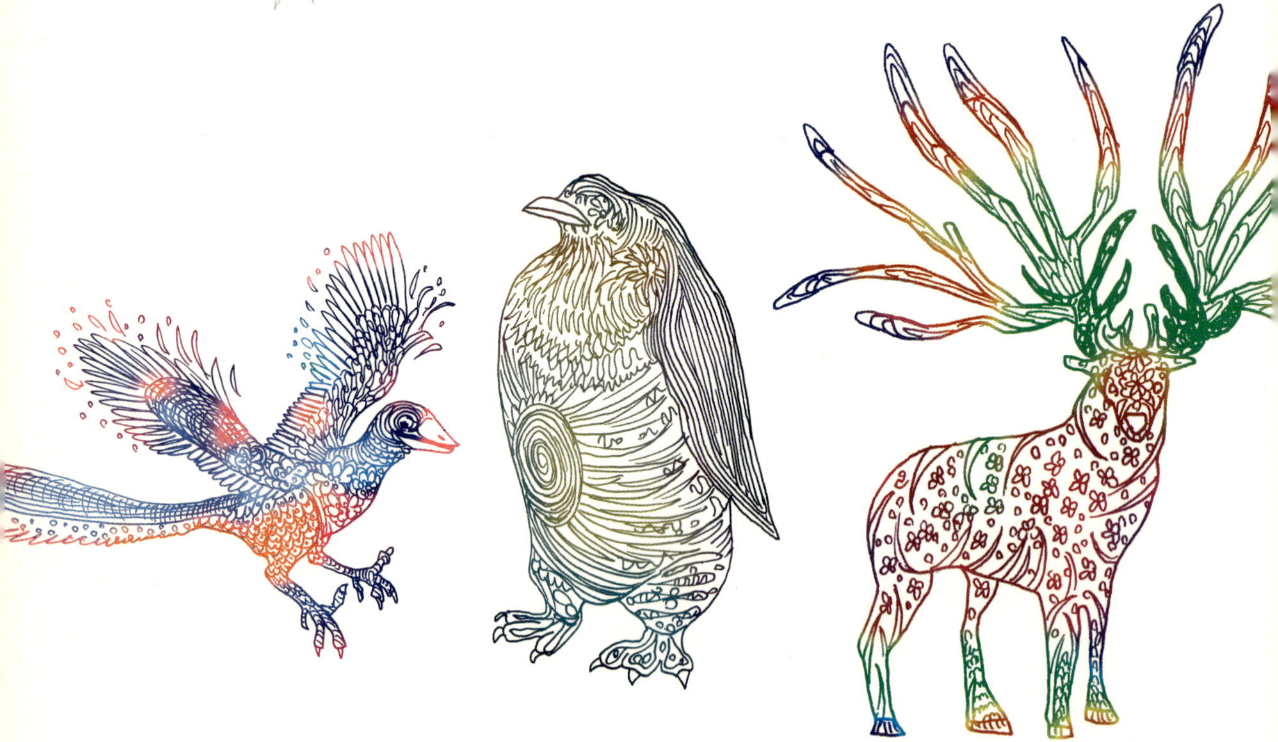

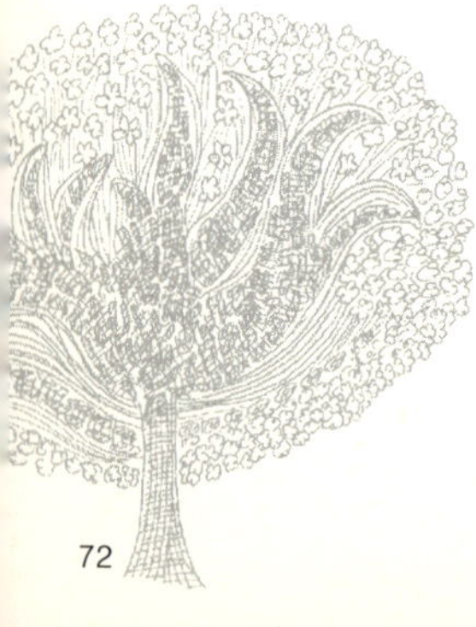

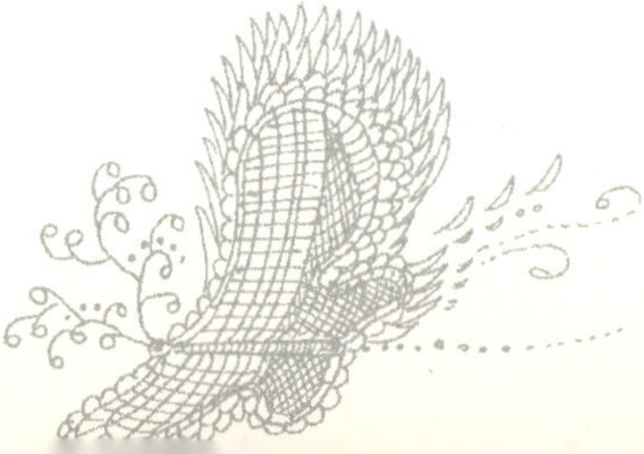

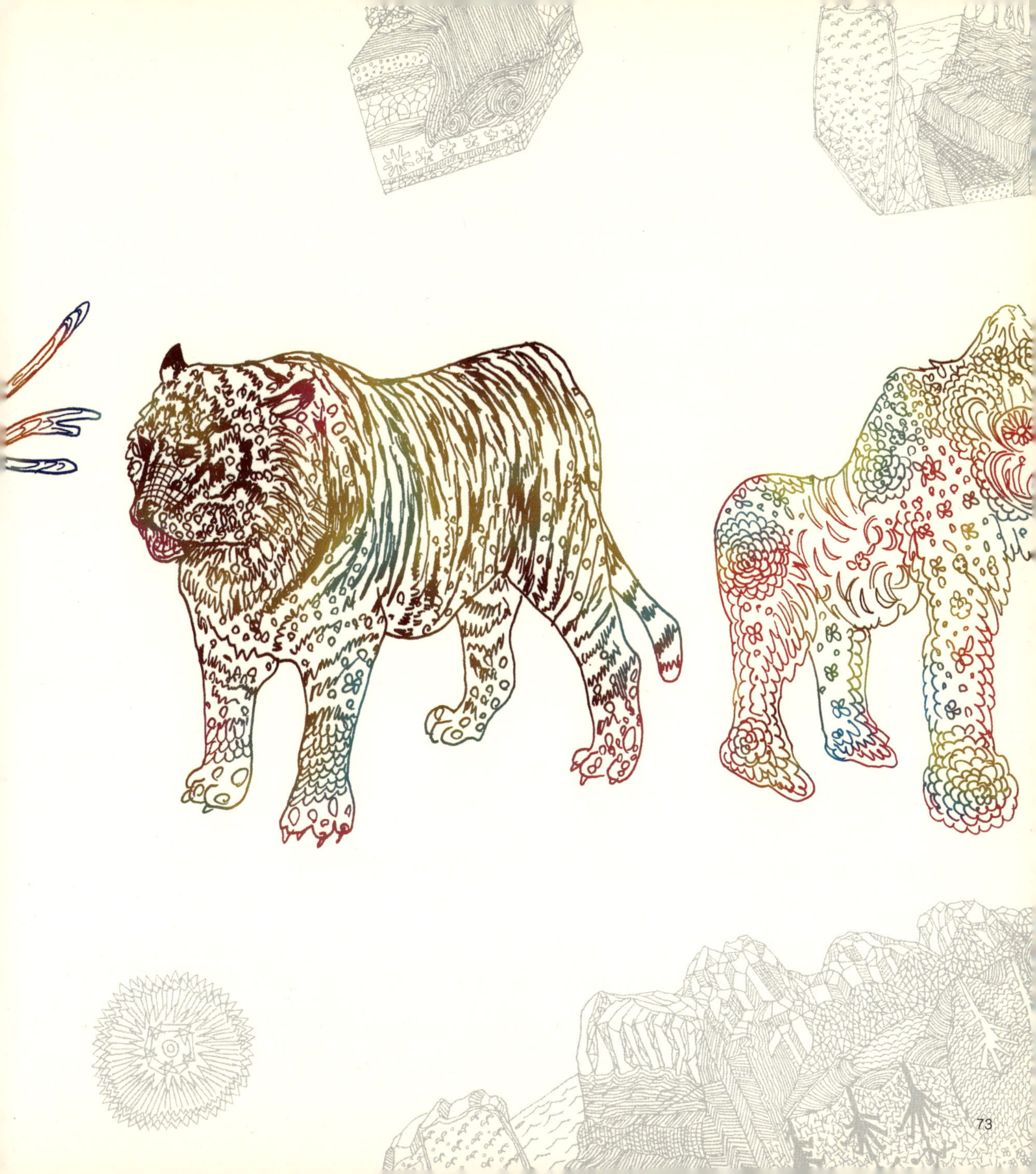

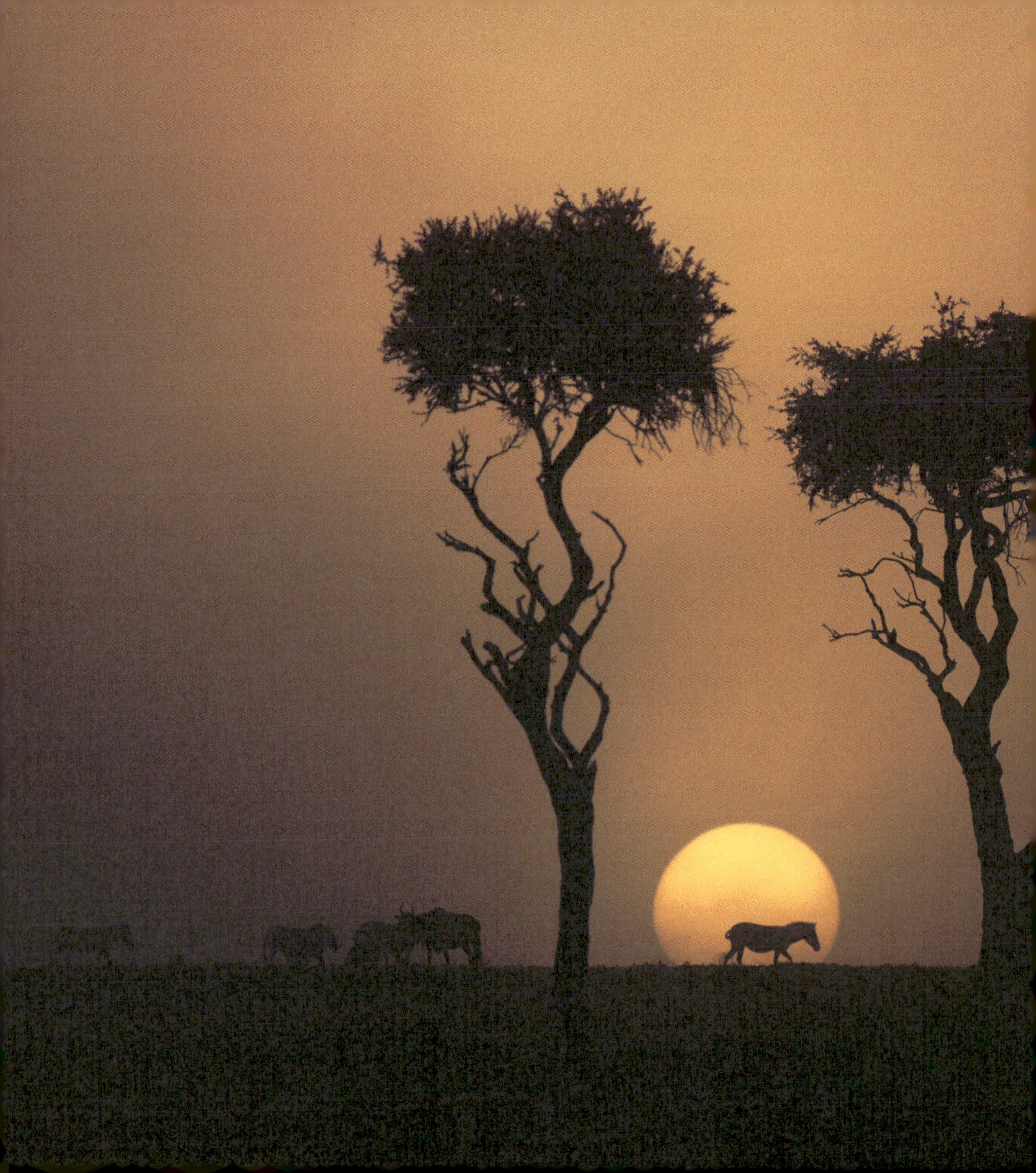

第 3 章　わたし　と　地球の境界線。

これまでに名前がついた種の数は、約180万。現在、3000万種以上の生命が

存在している。46億年の地球の歴史の中で、共に生き抜いてきたサバイバーたち。

それぞれの種は、それぞれの進化を遂げてきた。

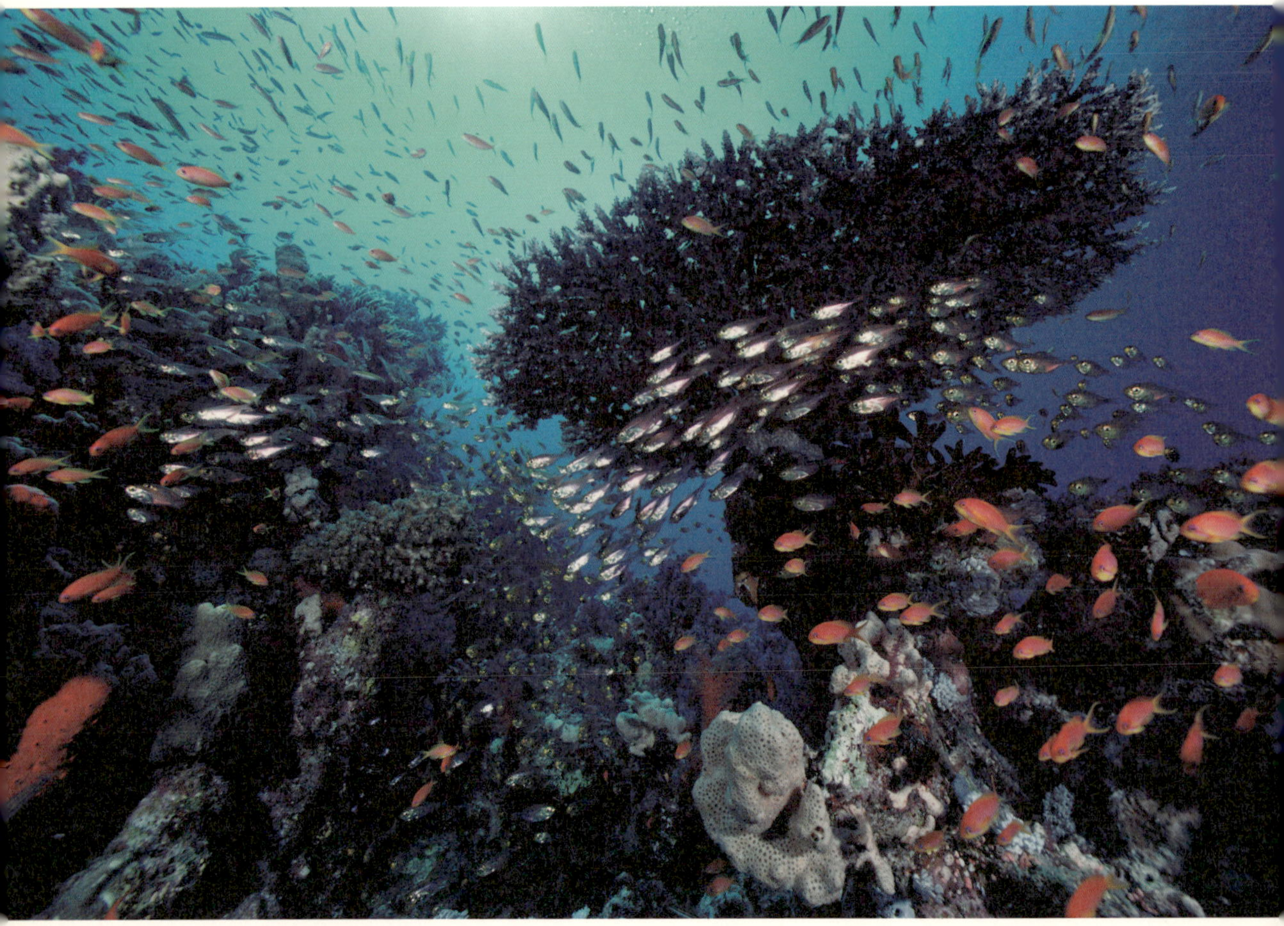

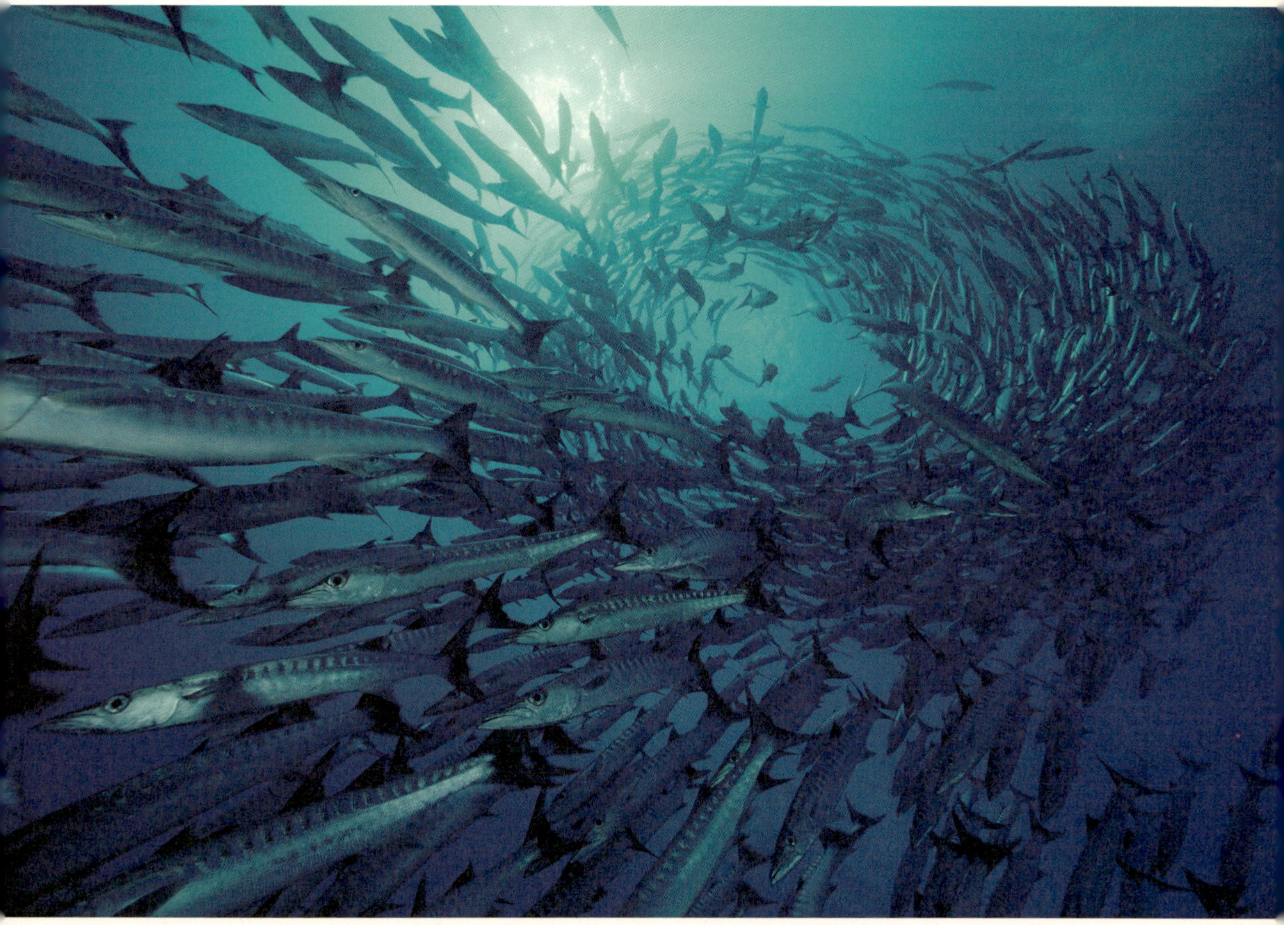

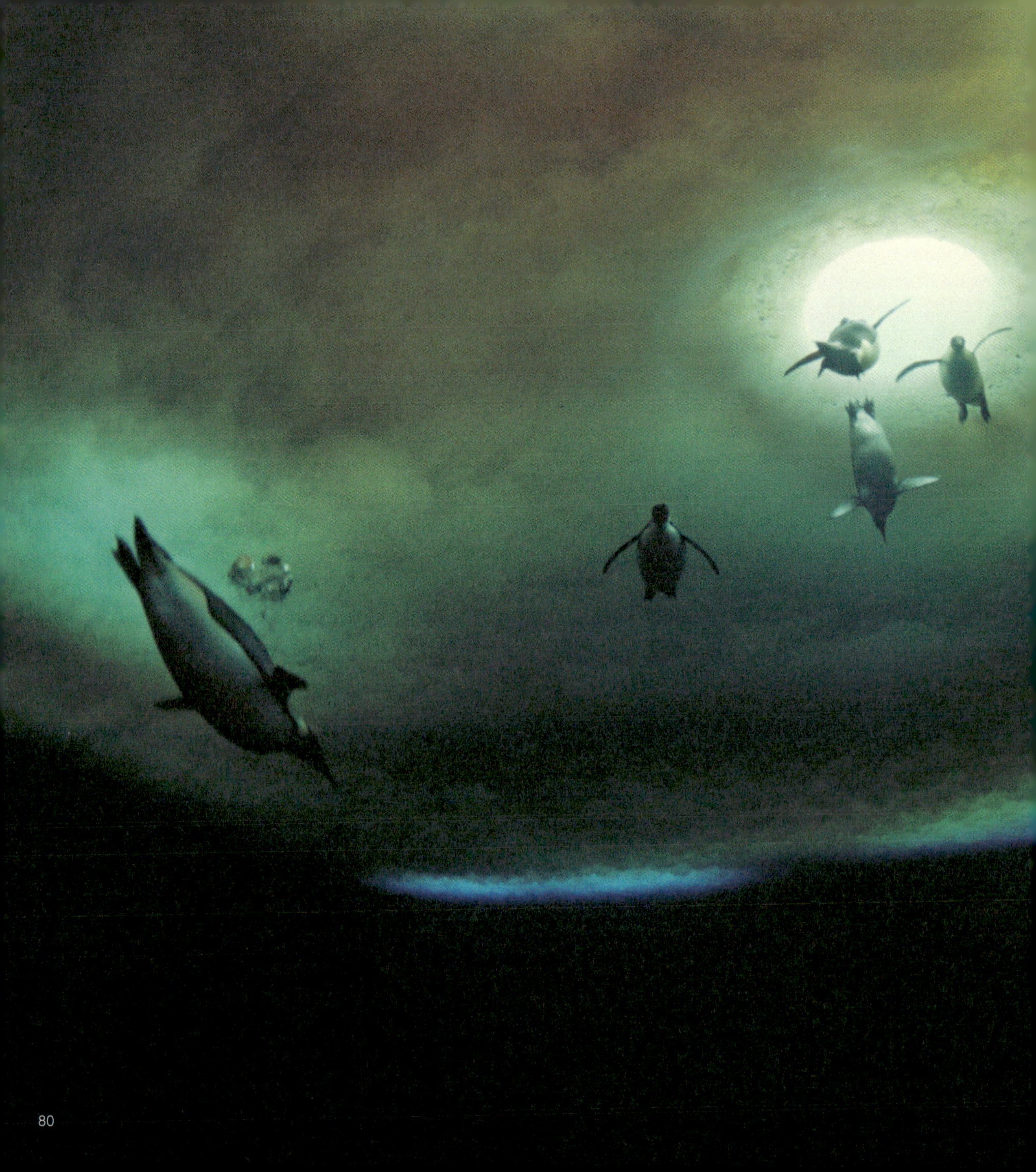

この地球上には、3000万種以上の生命がいるといわれている。そのうち、名前がつけられた数はわずか約180万種。陸・海・空、そのどこにおいても豊かな生態系が育まれている。そして生態系の中では、生物は食べたり食べられたりする「食物連鎖」を通じて関係し合っている。これらは一本の線ではなく、競い協力しながら成り立っている複雑な網の目のようなシステム。一見関係のないように見えるどの生命も、いくつもの連鎖を重ねた延長線上に生きている。

　ベーリング海のアリューシャン列島。ここに生息するラッコが、毛皮目的の乱獲によって激減したことがある。ラッコは、ウニ、エビ、カニが主食。ラッコが減ったことでウニが増え、同時にそれを餌にするタコが増加した。さらに、ウニによって多くの海藻が食べられ、そこを住処にしていた魚が減ることになったのだ。一つの種の変化によって、海の中の風景は大きく変わった。

　この繋がり合った多種多様な生命も、もとを辿るとたった「一つの共通祖先」に行き着くという。すべての生命が、同じ『DNA』という特殊な遺伝システムによって成り立っていることが理由だ。別の遺伝システムを持った生命がいた可能性もあるが、たとえ誕生していたとしても、すべて絶滅してしまったということになる。

　この一つの共通祖先から多様な種が生まれたことは「進化の産物である」と唱えたのが、イギリスの生物学者チャールズ・ダー

ウィン。彼は著書『種の起源』で、生命の「進化」について明確に論じている。＜生物が増えていくために生存競争がおこる。環境に適した有利な変異は生き残り、不利な変異をおこした生物は絶滅する。この淘汰(自然選択)に勝ち残ったものが、適者生存となる＞。神が万物を創造したと強く信じられていた当時の社会に大きな衝撃を与えた。

 しかし、生命の進化とは、階段を上るようにシンプルなものではない。イルカの祖先は、一度陸上で4本足の生活を送った後、水中に戻った生物。前足をヒレ状に、後ろ足を退化させた。陸に上陸する生物がいたように、その後、海や川に戻ったものもいるのだ。トリの羽根は、本来空を飛ぶために進化したものではなく、小型恐竜が体温を保つために進化させた羽毛が転用されたものだという。羽根を持っていたことが、後に翼となった。このように、ある用途のために進化させた体の機能を、後から別の用途に転用させることを『前適応』という。それだけ生命の進化は試行錯誤に満ちていて、適者であるかは後世の地球環境が決める。

 地球が誕生して46億年。地球の変化に伴って、おびただしい数の種が生まれては消えていった。サルもヒトもキリンもカブトムシも過去から続いている生命進化の一番先にいる存在。群れ方や出産などの営み、手や目などのカタチはそれぞれの環境に適したものが結果として残っている。"違い"こそが、進化の証。すべての生命には、それぞれの進化の歴史がある。

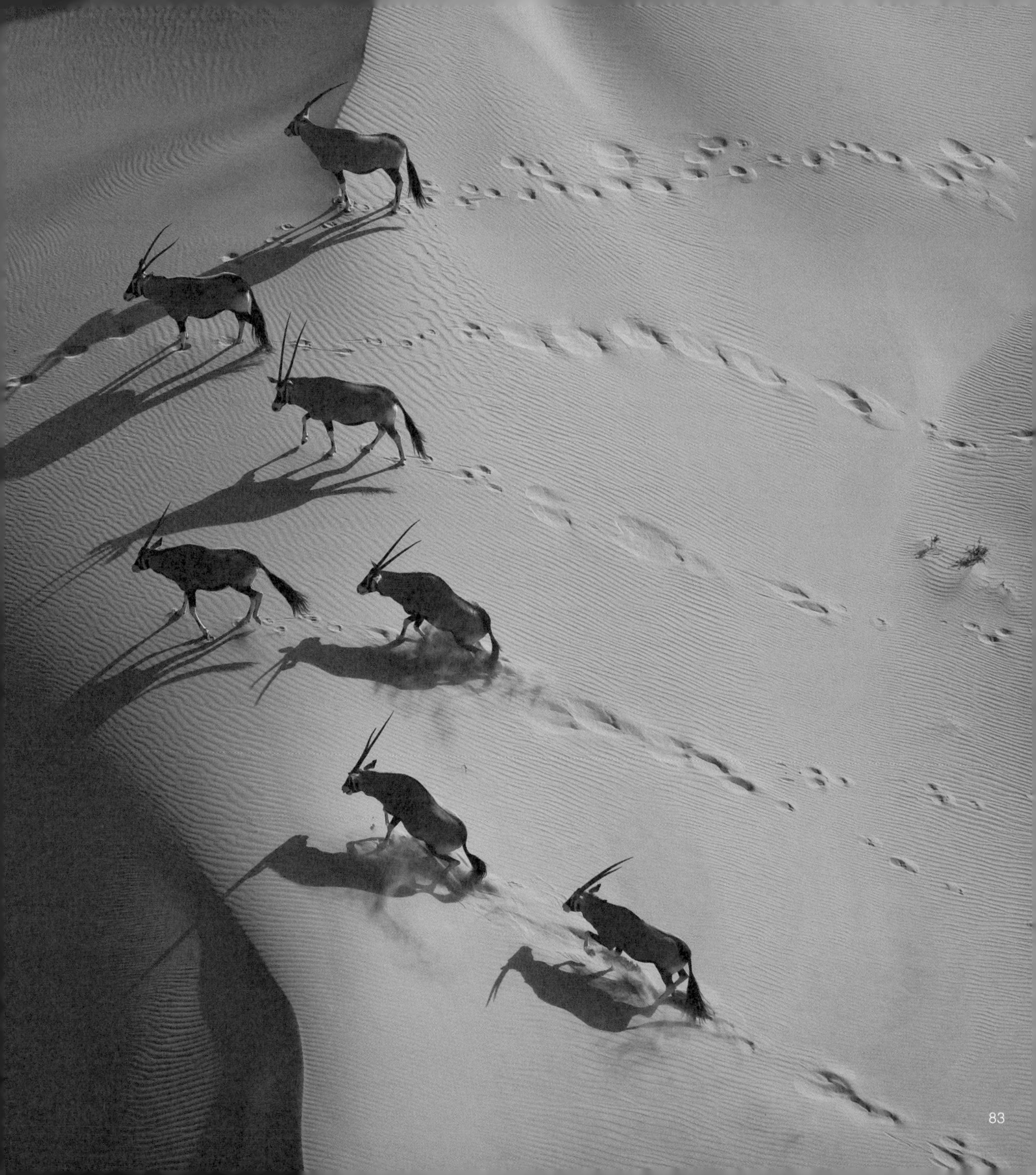

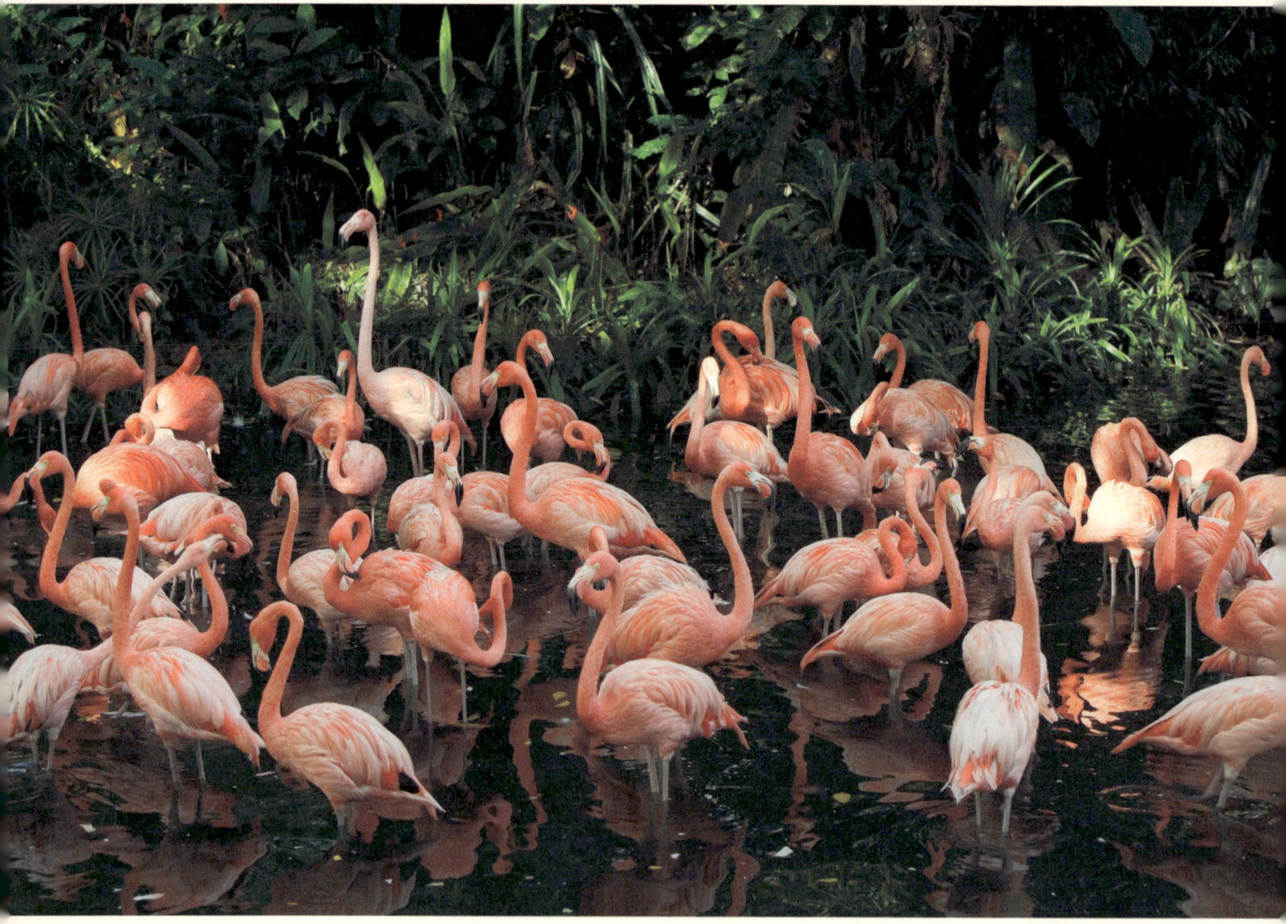

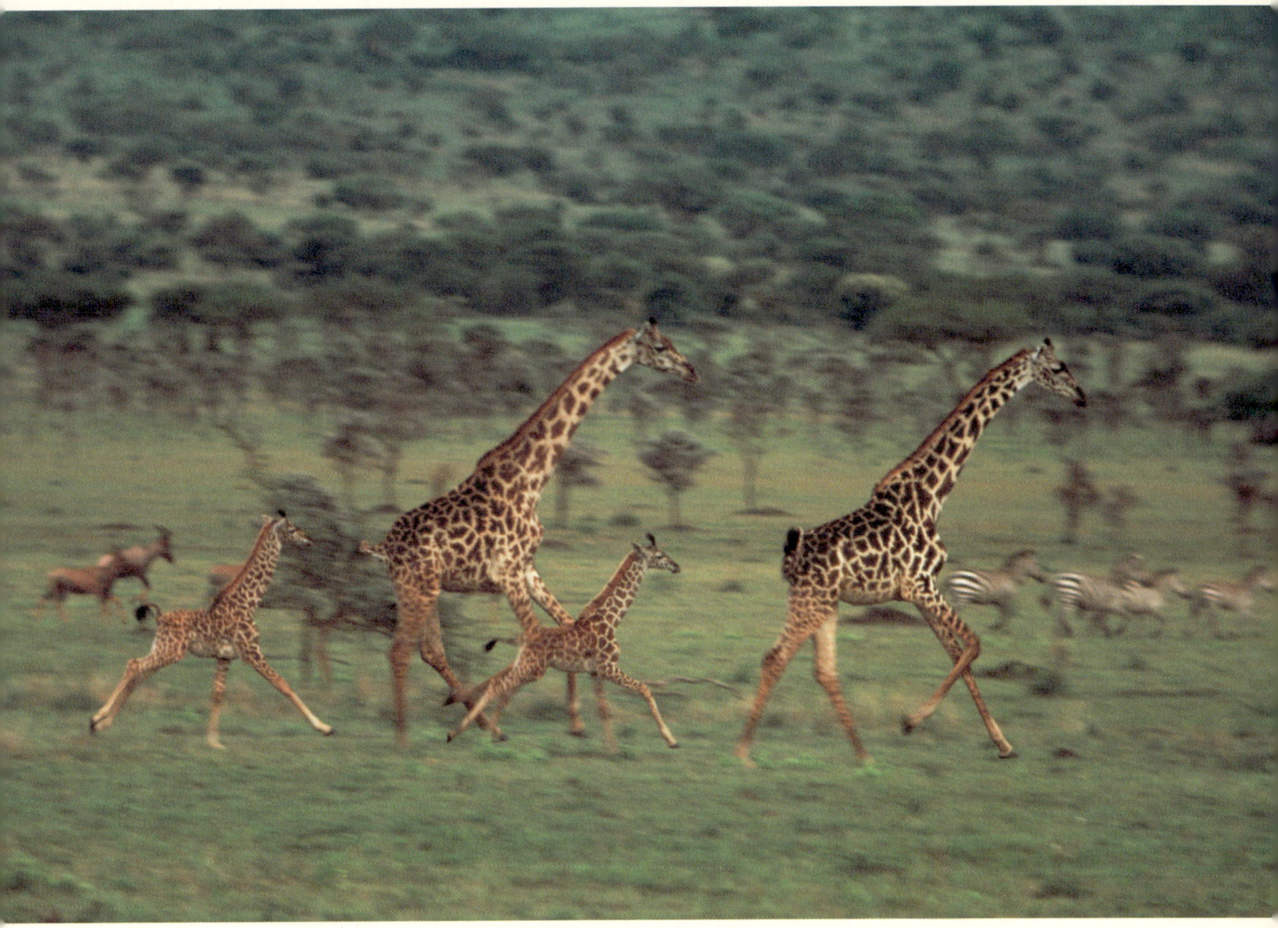

earth code

涙と鼻水／鼻涙管

涙を流した後に鼻水が出るのは、鼻と目の間が『鼻涙管』で繋がっているため。少量の涙は、常に鼻涙管を通って鼻水となっている。これは、魚類の『後鼻孔』の名残り。魚類には、顔の片側に2つ、計4つ鼻の穴があり、臭いをかぐために水が入ってくる穴の『前鼻孔』と、それを出す側の後鼻孔とに分かれている。これが進化の過程で目頭に移ってきたのが鼻涙管である。

わたしに刻まれた地球　の　しるし　。

呼吸としゃっくり／声門

息を吸う時にお腹が膨らむのは、肺の下に位置する『横隔膜(おうかくまく)』という筋肉が下がり、肺に空気が吸い込まれるため。しゃっくりは、横隔膜が何かのはずみで痙攣(けいれん)することで呼吸のリズムが崩れ、息を吸っているにも関わらず喉(のど)の奥にある『声門』(呼吸量を調整する器官)が閉じてしまい"ヒック"という音が出る現象のこと。これは、両生類がエラ呼吸の際、肺に水が入らないように喉を閉じながら水を吸い込む名残りとされている。

手をぎゅっと握る／把握反射

生まれて間もない赤ちゃんの手のひらに指を乗せると、大人顔負けの強い力で手をぎゅっと握られる。この反応を『把握反射(はあくはんしゃ)』といい、霊長類が樹上生活を送っていた頃の名残り。生まれたばかりの頃に母親の体毛を握ったり、手で枝を握って体を支えていた頃の習性で、多くの霊長類に見られるもの。この把握反射は、手だけではなく足にも見られるが、生後2〜3ヶ月でだんだんと消えていく。

目と鼻の間

鼻涙管 >>> 魚類

涙を流した後に鼻水が出るのは、鼻と目の間が『鼻涙管(びるいかん)』で繋がっているため。これは、魚類の『後鼻孔(こうびこう)』という穴が進化の過程で目頭に移ってきた名残り

目

目 >>> 真猿類

森で暮らし始めた霊長類は、顔の横についていた目が前方に並び、立体視ができるようになった。"昼行性"の真猿類(しんえんるい)は、眼球を取り囲む薄い壁『眼窩後壁(がんかこうへき)』ができたことで視界が定まり、相手の表情を理解できるようになったとされている

手

把握反射 >>> 霊長類

生まれて間もない赤ちゃんが手をぎゅっと握るのは、霊長類が樹上生活を送っていた頃の名残り。生まれたばかりの頃に母親の体毛を握ったり、手で枝を握って体を支えていた習性で、多くの霊長類に見られる

earth **code**

Body

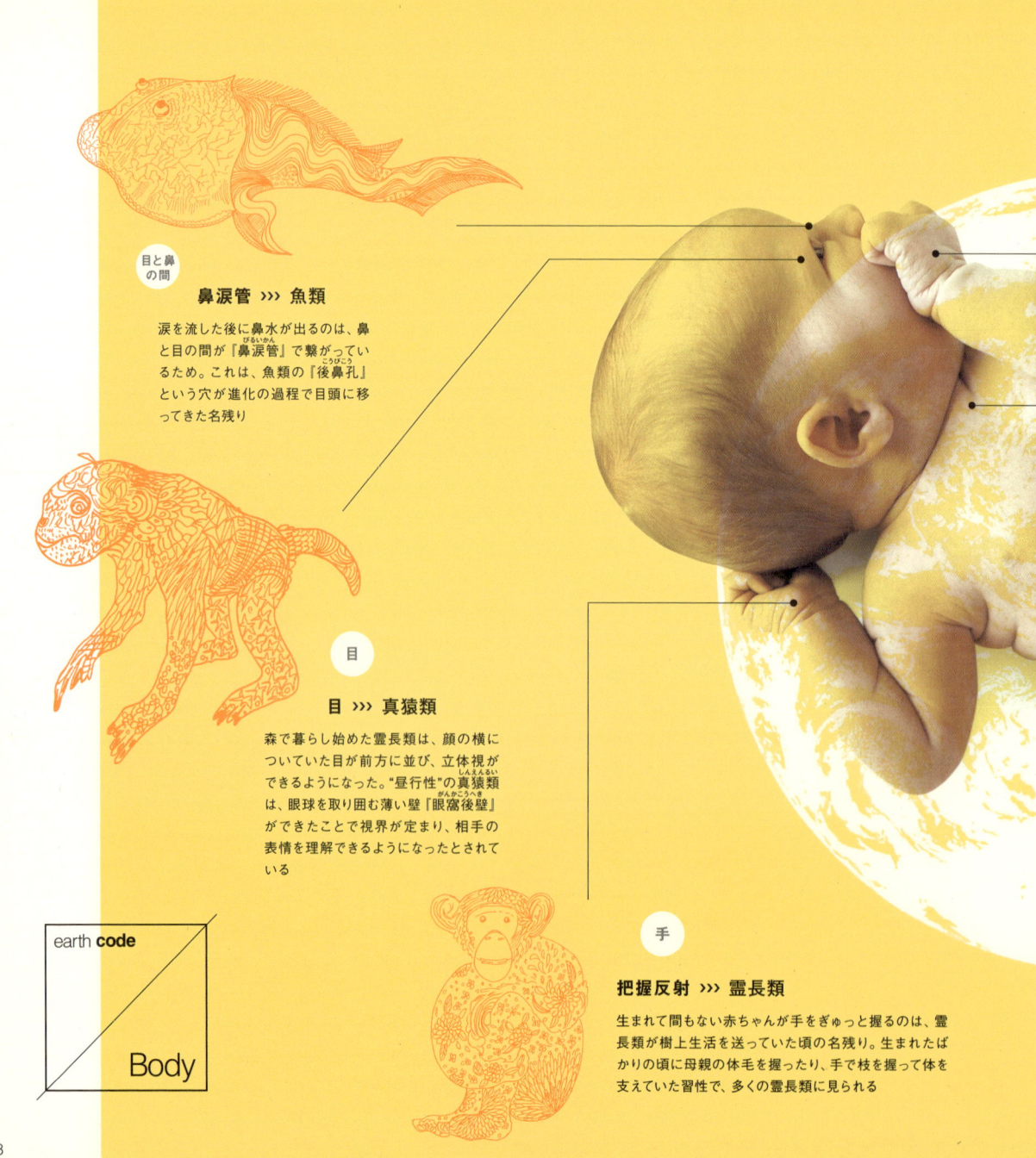

手 >>> 魚類と陸上四肢動物の間

手は、淡水の世界で暮らしていた魚類が大量の枝葉が入り込んだ水際で生活を始め、それをかき分けるために『前ヒレ』を発達させた名残り。上陸後、体を支える構造へと進化し、霊長類となって親指を内側に曲げることができるようになった

声門 >>> 両生類

しゃっくりは、両生類がエラ呼吸の際、肺に水が入らないように喉を閉じながら水を吸い込む名残りで、『横隔膜』の痙攣によって呼吸のリズムが崩れ、息を吸っているにも関わらず『声門』が閉じてしまい音の出る状態

脊椎 >>> 脊索動物

背骨の原型は、神経の集まった棒状の芯『脊索』を持った脊索動物の祖先の名残り。その後、魚類時代には"まっすぐな骨"となり、上陸してからは重力の影響で"アーチ状""S字型"となって現在に至る

胎生 >>> 有胎盤類

子宮内に胎盤を形成し、子どもを育てる『胎生』という出産システムは、恐竜がいた低酸素時代によって生まれた機能。胎盤を通して親から子へ直接栄養分などを与えるため、ニワトリなどの卵生と比べて繁殖の効率が向上した

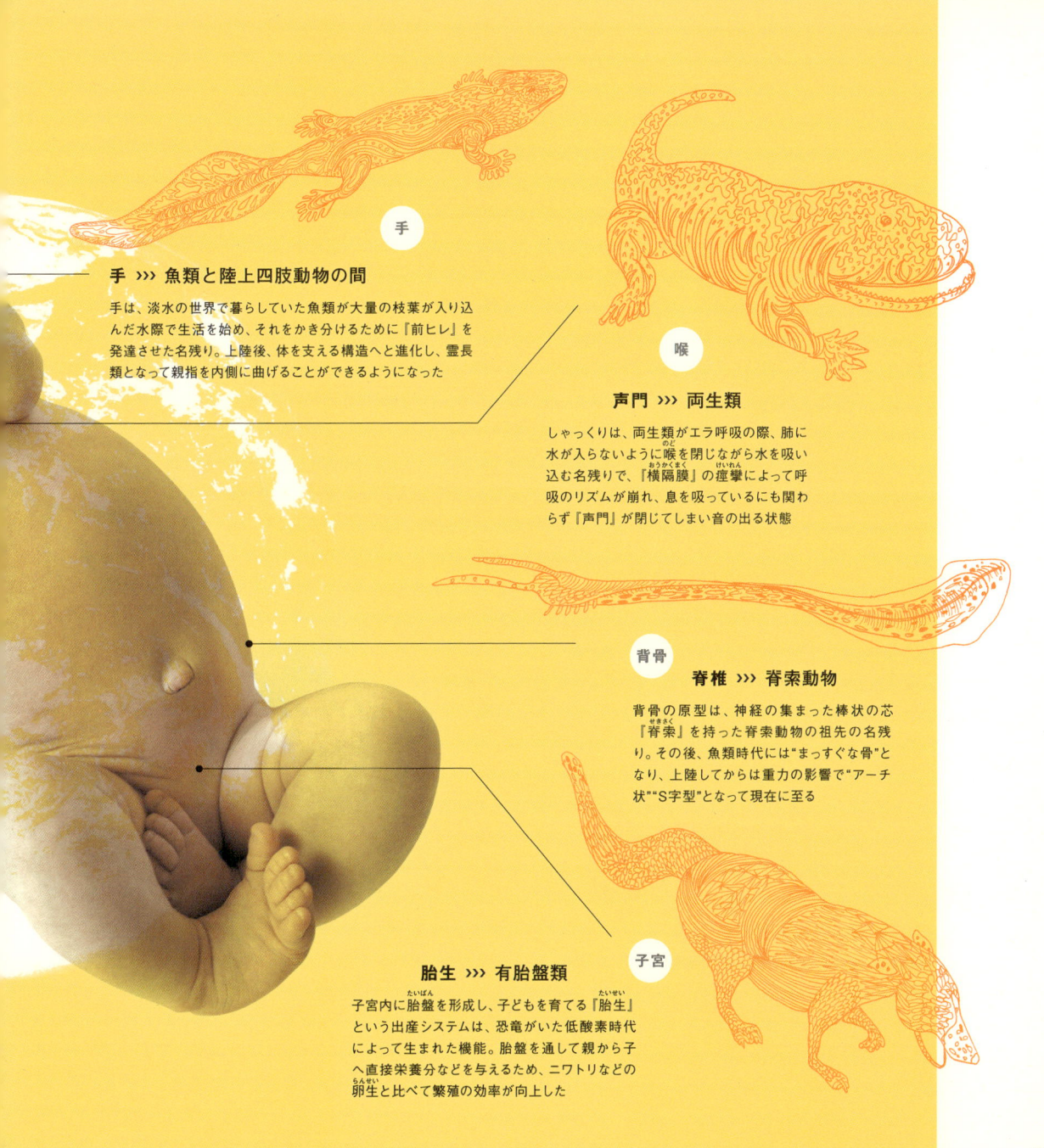

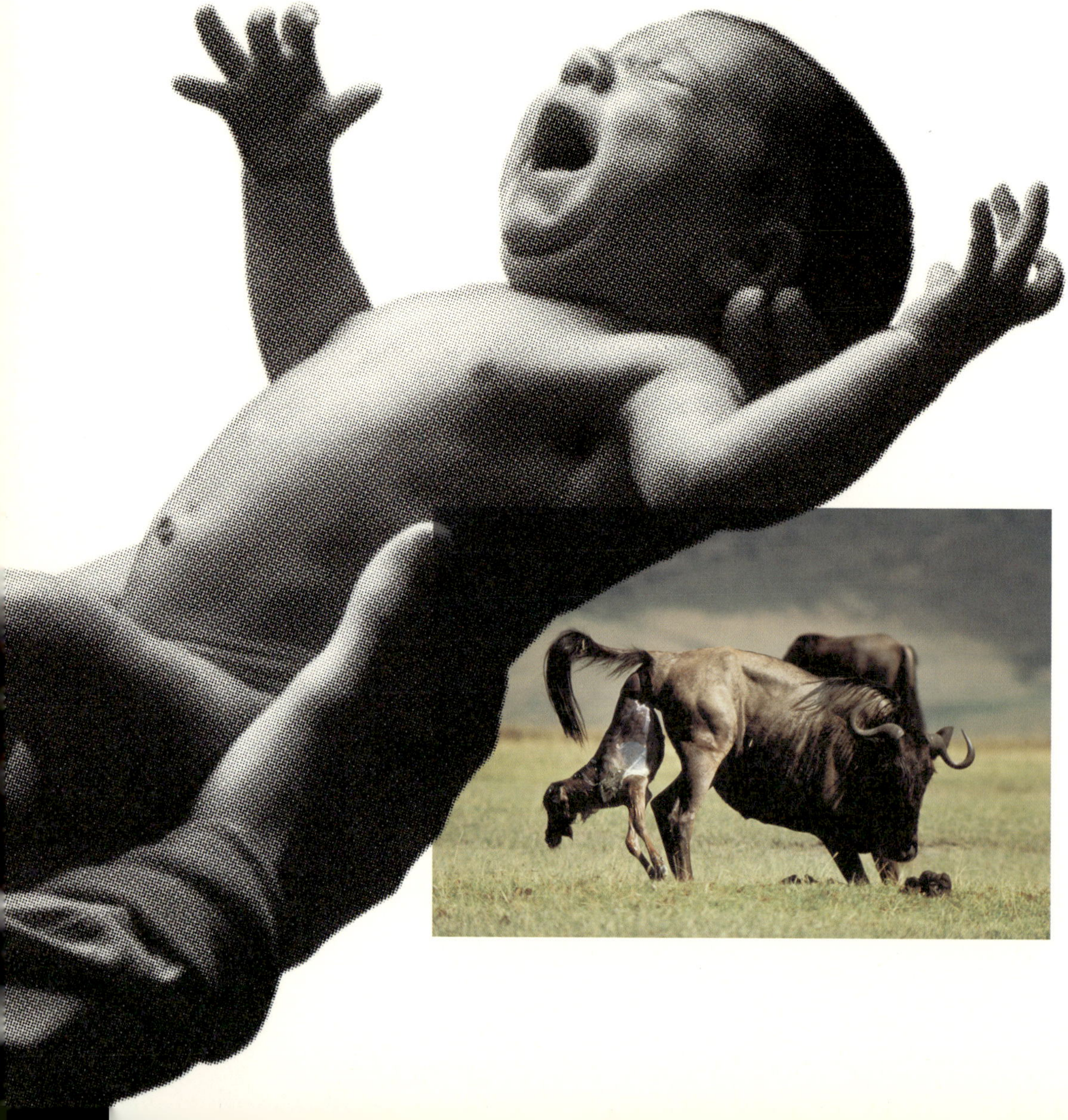

earth **code**

Birth

91

earth **code**

Hands

93

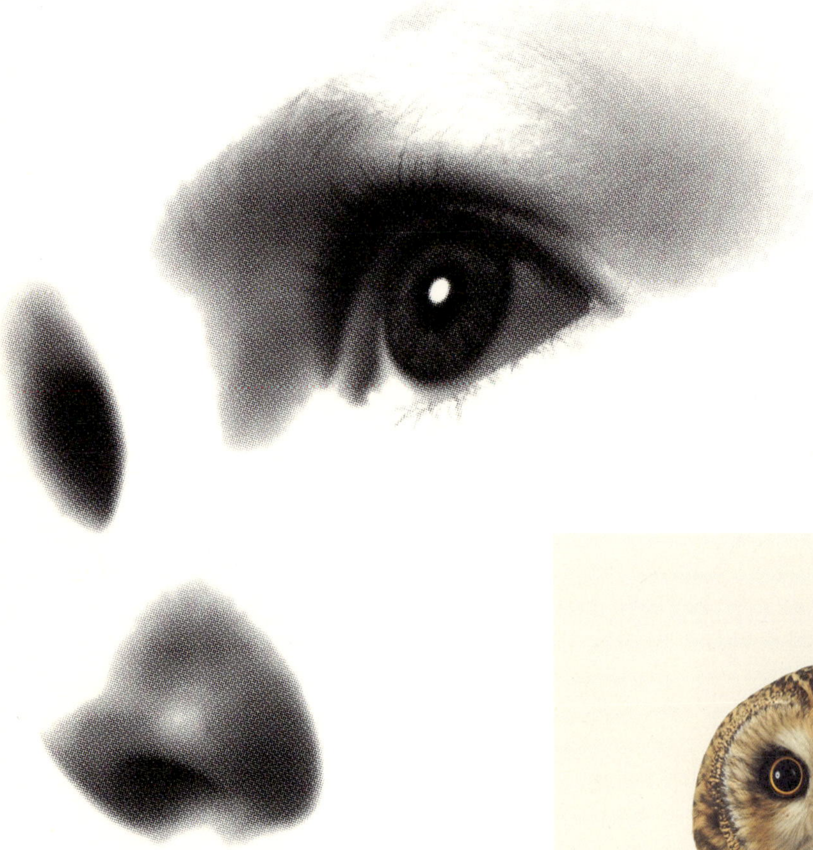

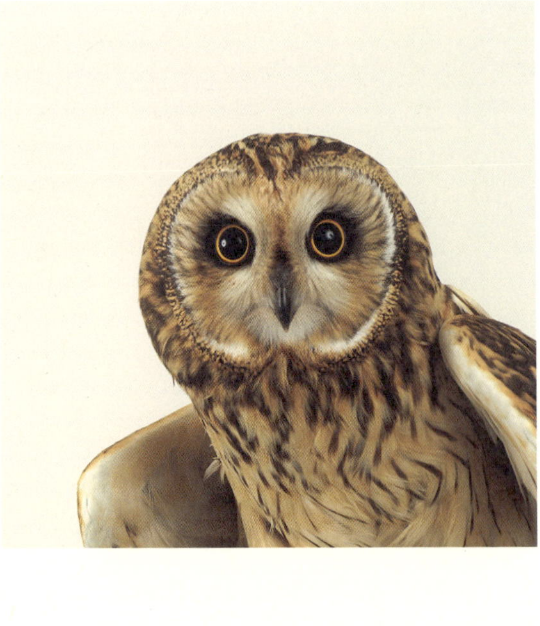

earth **code**

Eyes

95

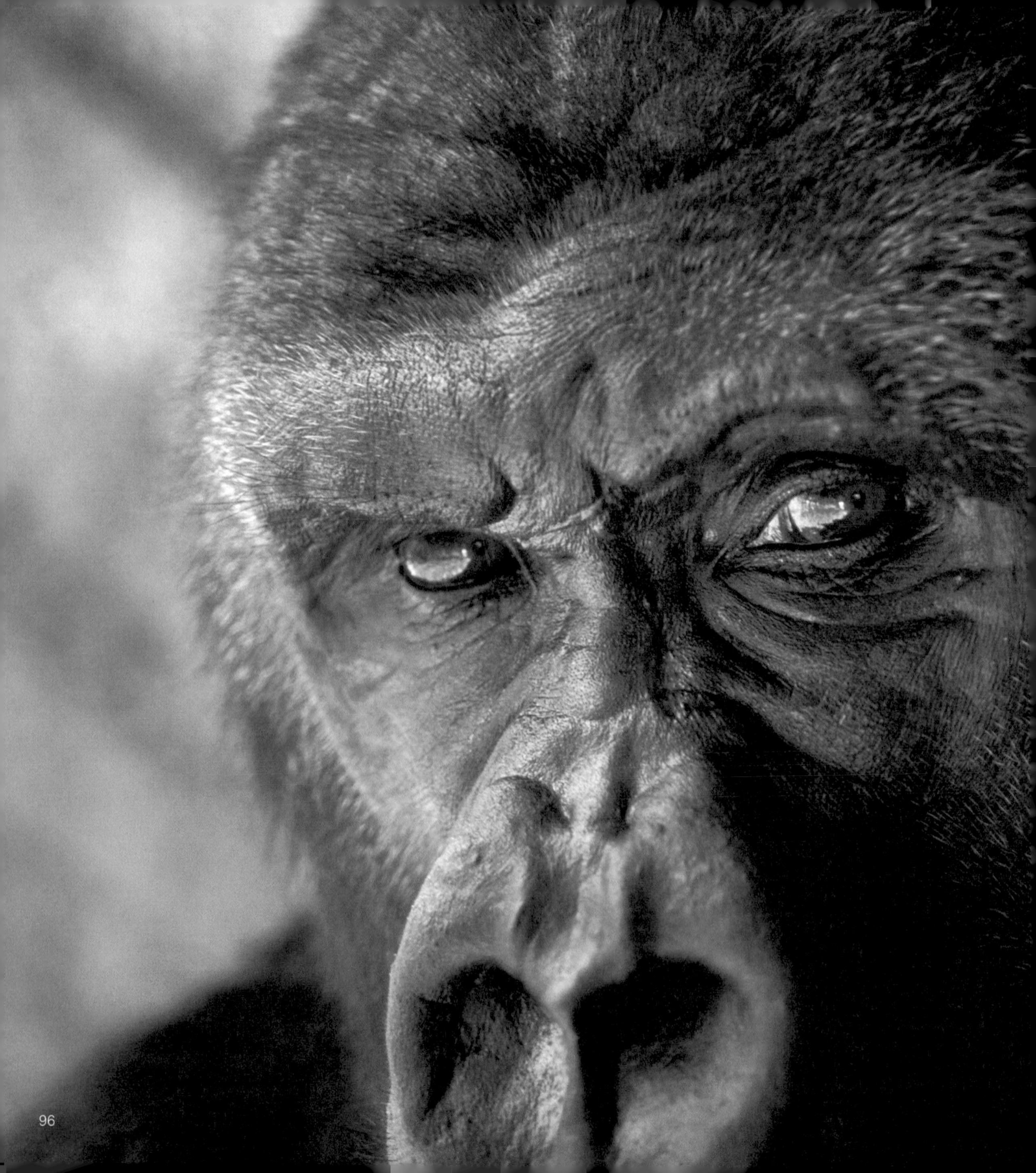

earth **code**

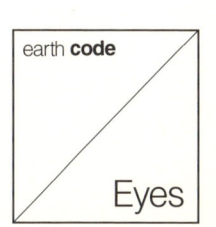

Eyes

Family **Tree**   わたし＝霊長類の系統樹。

リスザル

キツネザル

ニホンザル

2500万年前

3000万年前

5500万年前

テナガザル

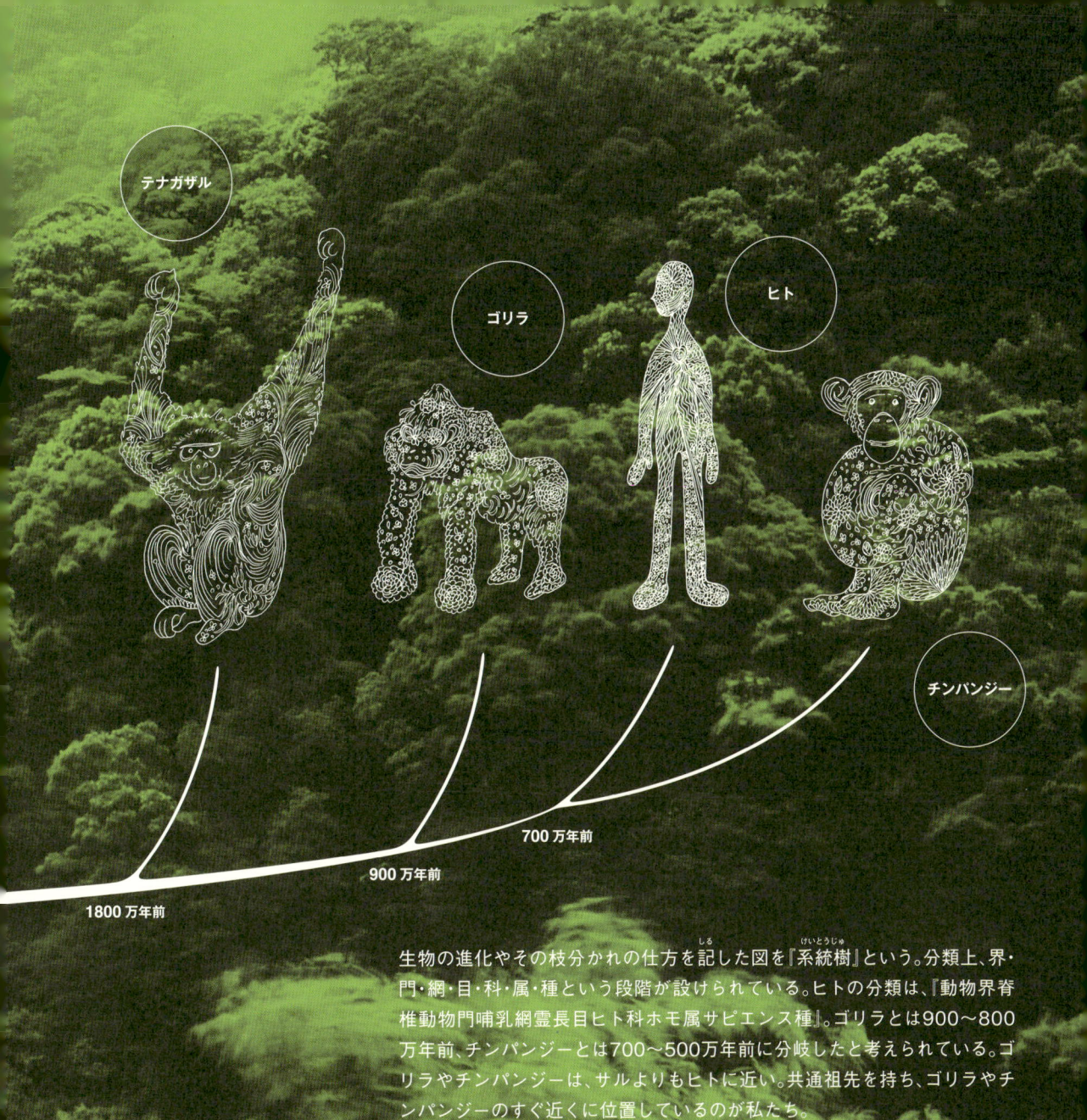

ゴリラ

ヒト

チンパンジー

700万年前

900万年前

1800万年前

　生物の進化やその枝分かれの仕方を記した図を『系統樹(けいとうじゅ)』という。分類上、界・門・網・目・科・属・種という段階が設けられている。ヒトの分類は、『動物界脊椎動物門哺乳網霊長目ヒト科ホモ属サピエンス種』。ゴリラとは900〜800万年前、チンパンジーとは700〜500万年前に分岐したと考えられている。ゴリラやチンパンジーは、サルよりもヒトに近い。共通祖先を持ち、ゴリラやチンパンジーのすぐ近くに位置しているのが私たち。

case:1 >>> 五感の能力

ヒトやゴリラの五感の能力は、樹上の採食活動によって発達したものが多い。霊長類が夜から"昼の世界"に進出したことで嗅覚の役割が減少し、木と木が重なり合った『樹冠（じゅかん）』を渡り歩いて食糧を探すことで、視覚の役割が高まった。その結果、立体視が可能なように両目が顔の前方に寄り、色彩が見分けられるようになった。ヒト特有なのは白目の部分。果実の熟し具合を感知するために指の触覚が発達。また味覚も同様に、食べ物に含まれる栄養や毒性を感知するセンサーの役割を果たしている。

gorilla code

生命の進化やその枝分かれの仕方を記した『系統樹（けいとうじゅ）』で、隣に位置するヒトとゴリラ。違いと同様に、似ている点も多い。DNAからでは見えてこないヒトとゴリラの境界線。

case:2 >>> じっと見つめる

ゴリラは、相手の顔をじっと見つめて自分の意思を伝える。遊びや交尾の誘い、喧嘩の仲裁など目的はさまざま。サルの社会では、顔を見つめる行為は"威嚇"となる。弱い立場のサルは、相手の優劣を即座に判断して歯をむき出して笑うなど、自分が劣位であることを示して解決する。これは、成長に従って仲間との優劣を認知することが群れ生活で重要となるからだ。ゴリラは優劣にとらわれず、互いの状況や気分を確認しながら臨機応変に関係を築いていくため、至近距離で"見つめる"行為が成立する。ヒトの場合の、親子や恋人同士の距離感に近い。

case:3 >>> 考えて遊ぶ

体の大きいゴリラは、小さい方に合わせて遊ぶ。例えば、膝を曲げて組み合ったりと、相手との体格差に合わせて力を調整することで、飽きずに長く遊ぶことができる。フクロウやカメレオンなど、ほかの種と遊ぶことができるのもそのため。遊びの種類には、3、4頭で体を繋げてゆらゆら行進する"電車ごっこ"や、一方が仰向けになって相手を両手足で持ち上げる"飛行機ごっこ"などがあるが、それは対面することが威嚇にならない、ヒトやゴリラを含む類人猿特有のもの。また、互いに胸を叩き合うなどの距離の離れた遊びは、ヒトの言葉を使った遊びに似ている。

わたしとゴリラ の 境界線 。

case:4 >>> 自己表現をする

ゴリラには、食事中やリラックスしている時に『鼻歌』を歌うなど、いくつかの自己表現の手段がある。自分の胸を両手で力強く叩く『ドラミング』もその一つ。かんしゃくを起こした時に自分の怒りを発散するためであったり、強い好奇心を覚えて興奮した時に胸を叩く。また、ドラミングはほかの表現手段としても使われる。遊び相手を誘ったり、順番に木に登ってそれ自体を競う遊びもある。ドラミングやほかの音声は、仲間の行動を操作したい時によく使われ、ヒトのコミュニケーションに通じるところがある。

case:5 >>> 家族の存在

霊長類は父親がいなくても子どもが育つとされているが、群れを『単雄複雌』で構成するゴリラにとって、父親は大事な役割を担う。ゴリラは、生まれてから一年間ずっと母親に抱かれて育ち、その後は徐々に離れて3歳頃には父親について回るようになる。母親の寝床を離れ、父親の近くで寝るようになったら自立の証。また、ゴリラのオスも声変わりをし、成長すると喉から胸の下にかけて『共鳴袋』が発達するため、「グウーム」という低くて太い声が出せるようになる。低い声は、子どもの喧嘩を制止するために効果的。

ゴリラの世界。

ヒトはずっと"ヒト"ではなかった。約700万年前まで、ヒトはゴリラやチンパンジーと共通の祖先を持っていたと考えられており、私たちとはそんなに遠い存在ではないのである。しかし、化石からはコミュニケーションの姿は見えてはこない。そこで、研究者たちはゴリラやチンパンジーの社会を観察することで、どのようにヒトが進化し、私たちの社会が変化してきたのかを研究している。

　ゴリラは、アフリカで10頭前後の群れで暮らしている。群れはオスが1頭、複数のメスからなる『単雄複雌』の構成が基本。チンパンジーの群れが『複雄複雌』で構成されているのに比べ、ゴリラの群れにとってはオスの存在が大きい。大きな群れの場合、背中が白銀色のオス『シルバーバック』が複数いる場合もあるが、1頭が群れのリーダーで、残りはその息子である。

　ゴリラは15歳くらいを境に、シルバーバックに成長する。身長は約180cm、体重は180kgぐらいの大きさ。2m、200kg以上に達する例もある。これほどの大きな体を持つようになったのは、木から地上に降りたことで襲ってくる肉食獣に勝つためだ。また、胃が弱くサルのように未熟な堅い果実を食べられないため、体を大きくし植物の毒を薄めるようにしたと考えられている。

　一日の大半を過ごす地上では、手の指の関節部分を地面につける、『ナックルウォーキング』と呼ばれる姿勢で歩く。一日の移動距離は1kmほど。ゴリラたちは枝やツルなどを利用して作った鳥の巣のようなベッドで眠る。朝になると、シルバーバックが群れに異変がないか観察する。

　食事は、低地の熱帯雨林では甘い果実が主体となるが、高地では木の皮、葉、野生のセロリなど繊維の多い食べ物が主食で、木イチゴやタケノコも好む。シル

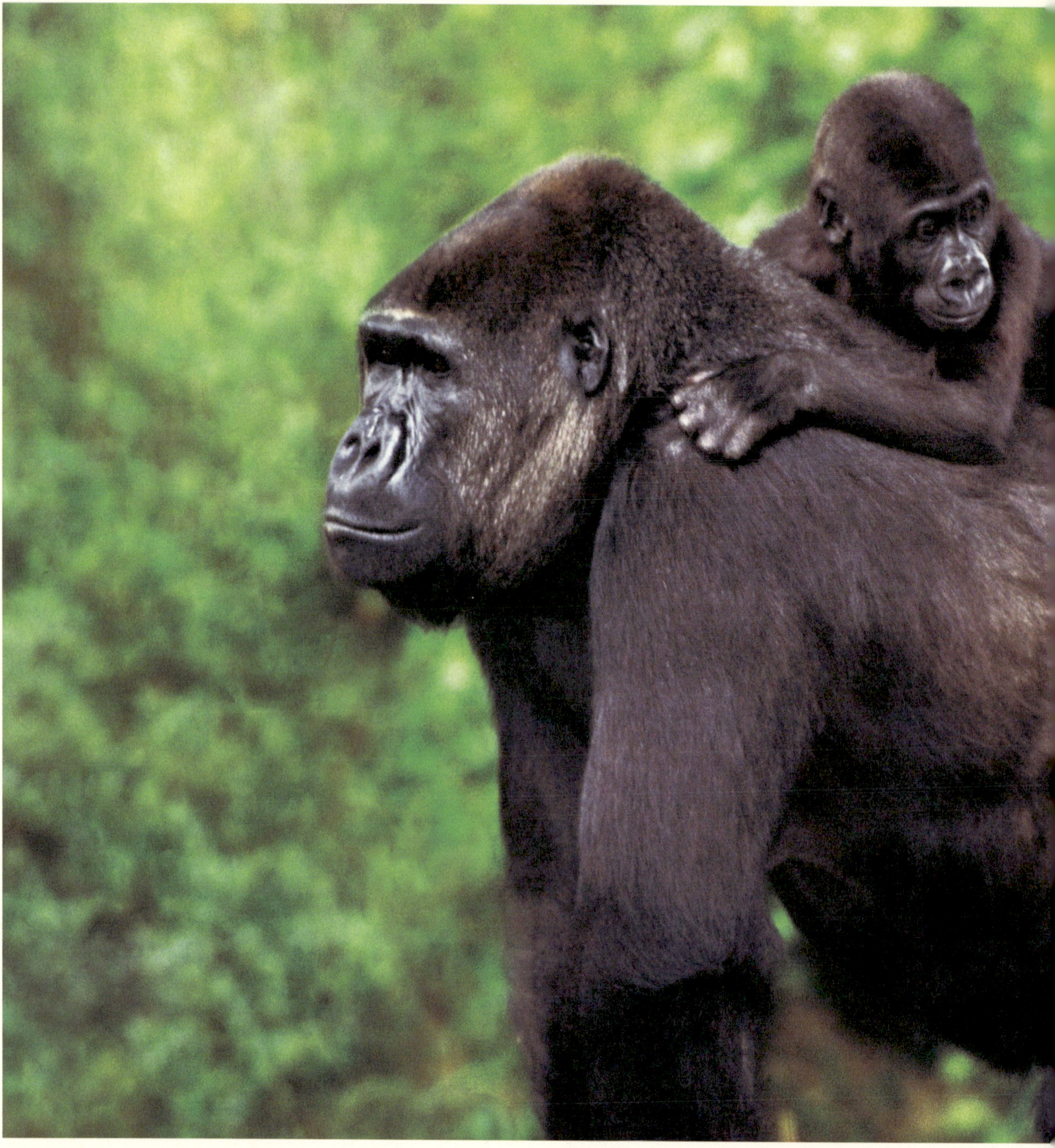

バーバックは一日30kg、子どもでも10〜20kgくらいの食糧を食べる。堅い食べ物を噛み砕くために、ヒトの奥歯や親知らずにあたる大臼歯などの大きな歯や、咀嚼筋が備わっている。

　ゴリラは、お腹がいっぱいになると、長い休憩に入る。葉に含まれる食物繊維を腸のバクテリアに分解させる時間が必要だからだ。休息時には、毛づくろいや昼寝、母親は子どもにお乳をやったりと、思い思いの時間を過ごす。食事やリラックスしている時に鼻歌を歌うことがあり、それが群れ全体に広がることもある。また、ゴリラは採食場を食べ尽くすことはしない。若葉のおいしいところを食べたら、次の採食場へと群れで移動してゆく。

　子どもはシルバーバックがおいしい食糧をよく知り、彼の近くが一番安全だということも知っている。子ども同士でトラブルがあると、じっと顔を見つめて仲裁をすることもある。サルの場合、力の優劣が明確なため相手の目を見ることは威嚇になってしまうが、ゴリラの場合は相手の目を見ても威嚇にはならない。まるで会話のような役割を持ち、互いに顔を見ることによって、コミュニケーションを図る。ほかにも、交尾の誘い、挨拶や遊びにこの見つめ合い行動が行われる。サルの遊びは10秒以上続くことはあまりないが、ゴリラは平気で1〜2時間遊ぶ。体の大きさが違っていても、力を調整する術を知っており、遊びに飽きないためだ。体の大きな者は小さな者に対し、動きを遅くしたり、わざと追いかけさせ、殴らせたりして遊びに

ハンディキャップをつける。こうすれば相手も楽しいはずと気持ちを予測しながら、自分も楽しい部分を探し、遊びの中にルールを立ち上げていく。ゴリラの子どもたちにとって、遊びはとても重要で、遊びの経験が身体感覚を学ぶきっかけになり、交尾の準備やほかのゴリラとの関係作りになる。レスリングや追いかけっこをする際には、嬉しそうに笑う。声を立てて笑うのは、ゴリラとチンパンジー特有の行為だ。

　年頃のオスゴリラは、ひとりで放浪する習性がある。この"ヒトリゴリラ"はほかの群れに近づき、メスをパートナーにするのが目的。交尾ができる性的成熟期に達したメスは群れを移籍したり、ヒトリゴリラについていき、新たに別の集団を作ることがある。シルバーバックは、ヒトリゴリラが群れに近づいてくると、追い払うため『ディスプレー』という行動をする。「フーフーフーフー」という声を出し、木をなぎ倒して投げつけたり、両手で力強く胸を叩く『ドラミング』で力を誇示するのだ。その際、群れの仲間は、じっと様子を見つめて手を出さない。手強そうだと感じると、ヒトリゴリラは森の中へと帰っていく。もし病気や戦いでシルバーバックが死ぬと、メスはほかの集団に加入したり、ヒトリゴリラに奪われて集団は崩壊する。

　ゴリラは、この先何百万年経ってもヒトになることはない。ゴリラにはゴリラの、ヒトにはヒトの進化の歴史がある。しかし、種を同じくしていた時代が確実にあった。私たちヒトの中には、ゴリラとの曖昧な境界線がある。

ヒトの世界。

そもそも"ヒト"とはなんだろう。私たちヒトを分類の体系で表すと、『動物界脊椎動物門哺乳網霊長目ヒト科ホモ属サピエンス種』となる。

　ヒトとそのほかの類人猿を分類する大きな特徴に、『直立二足歩行』『大きな脳を持つ』『言葉を話す』という3つの要素が挙げられる。700万年前、私たちの祖先は二本足で歩き始めた。その頃のアフリカ大陸は、激しい気候変動のまっただ中で、2000万年前には大陸全面を覆っていた豊かな熱帯雨林は、500万年前には赤道付近にわずかに残るだけになってしまっていた。この頃の地球は、環境が大きく変わっていた時代だったのだ。

　ヒトの祖先が二足歩行をし、徐々に森から草原に移っていった頃、森の外は危険に満ちていた。草原は肉食獣の天下で、ヒトは数十名の集団を作って生きる存在だった。子どもは肉食獣たちの格好の獲物。次世代を担う子どもの数を維持しなければ、その集団は絶滅する。ヒトは次第に出産間隔や授乳期間を縮め、たくさんの子どもを産むようになった。ヒトの子どもの授乳期間は1～2年だが、チンパンジーは5～7年、ゴリラは4年授乳する。つまり、ゴリラは4、5年に一度しか出産できない。しかし、ヒトは多産が可能になったとはいえ、母親だけで子育てをするにはあまりにも負担が大きい。子どもが早く離乳するため、母親以外の大人も育児を手伝う必要があった。霊長類のメスは繁殖能力喪失後に数年しか生きられないのに対し、ヒトは出産ができなくなった閉経後も長く生きることができる。これは育児や教育をするためではないかと考えられている。自分の家族と地域集団の共存は、ヒトの社会にだけ見られる現象。食糧分配、役割分担などによって、「社会化」という進化を遂げた。そしてそれを可能にしたのが、"食"と"性"の位置づけである。食事を誰かと共にすることで家族を超えた関係が可能になり、ほかの霊長類のように性をおおっぴらにしないことで、家族という仕組みは守られている。これは、ほかの霊長類とまったく逆の方法だ。

　250万年前、ヒトは肉食となった。高カロリーの食糧源を手に入れたため、200万年前頃から脳が大きくなり始める。肉食化の当初は死肉を横取りしていたが、それでは肉食獣に出合ってしまう。これに立ち向かうためにヒトが選んだのは、知力を使うことだった。道具を工夫し、作戦を立て、集団で狩りをするようになったのだ。

　ヒトは過酷な環境下で、知恵を絞りながら新たな能力を身につけた。森林で生活していた時代の共通祖先からもたらされた能力をだんだんと伸ばし、二足歩行、コミュニケーション、体の柔軟性、言葉などを徐々に身につけ、社会が生まれた。

　アフリカの熱帯雨林の中から外に出たヒトは、平原で生きる術を獲得していく。社会化により生存力を高めてアフリカを旅立ち、全世界へと広がり出た。ヒトは、まだ進化の旅の途中だ。私たちを含むすべての生命は"進化"というリレーの中の走者であり、次の世代にバトンを渡す繋ぎの役割を持っている。

胎児の生命記憶

卵子の大きさは、直径0.13mm。
針の先のようにとても小さな大きさである。その卵子と精子が出合い、たった一個の受精卵が、数十兆の細胞でできた胎児になる。
その成長過程は、ドラマに満ちている。ヒトの胎児は初め単細胞生物のようであり、エラの名残りが現れて魚のようになり、カエルやトカゲ、ナマケモノと順に姿を変える。魚類、両生類、爬虫類、哺乳類という約38億年の生命進化の過程が垣間見えるといわれている。
受精したばかりの頃は、まったく顔が分からない。ウニの受精卵と見分けがつかないほど。それが受精後30日（約6mm）を過ぎると、わずか一週間で魚類から哺乳類へと一気に成長を遂げる。その成長速度は一日に約1mm。妊婦につわりが起きる時期である。
初めの頃の手は、丸いカタチをしているにすぎない。それがうっすらと五本の骨が透けて見え始め、だんだんと骨の周りのヒレのような部分がとれていき、爪ができる部分の区別がつくようになり、筋肉のついた動く指となる。また、顔の横に現れてくる目や鼻は顔の前に徐々に移動し、左右に離れていた上あごが一つになっていく。鼻の下のくぼみはその名残りだといわれている。
受精してから生まれるまでの期間は、約266日。その間に約38億年の生命の進化を辿り、すべてのヒトはいまここにいる。

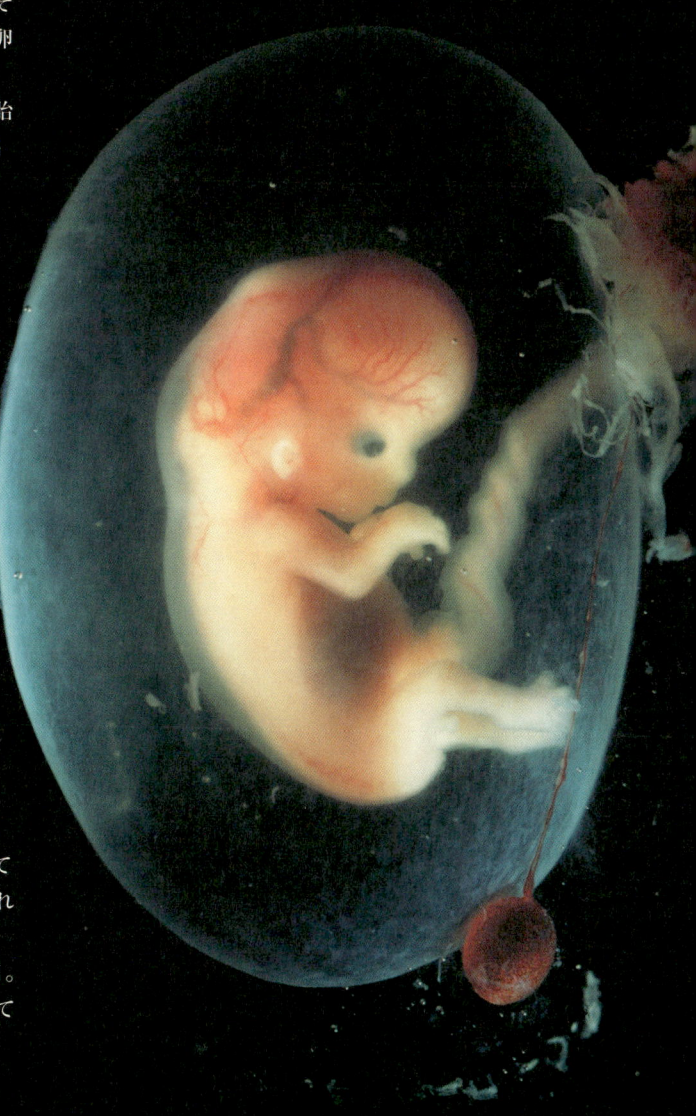

Epilogue

１２月３１日

２３時３７分（２０万年前）

　　ホモ・サピエンス
現生人類の誕生

20万年前。現在の私たちの直接の祖先にあたる『ホモ・サピエンス(現生人類)』がアフリカで誕生した。
体つきは細身で、身長も高く、1400mlという大きな脳を持っていた。
アフリカのみで暮らす数百人程度の狩猟採集民。
それが、いつしかアフリカの地を離れ、ユーラシア大陸へと広がり、
シベリアからアラスカを経由して、南米パタゴニアにまで至った。
このアフリカから南米までの「新天地」を求め続けた壮大な旅路を、

イギリスの考古学者は『グレートジャーニー』と名づけた。

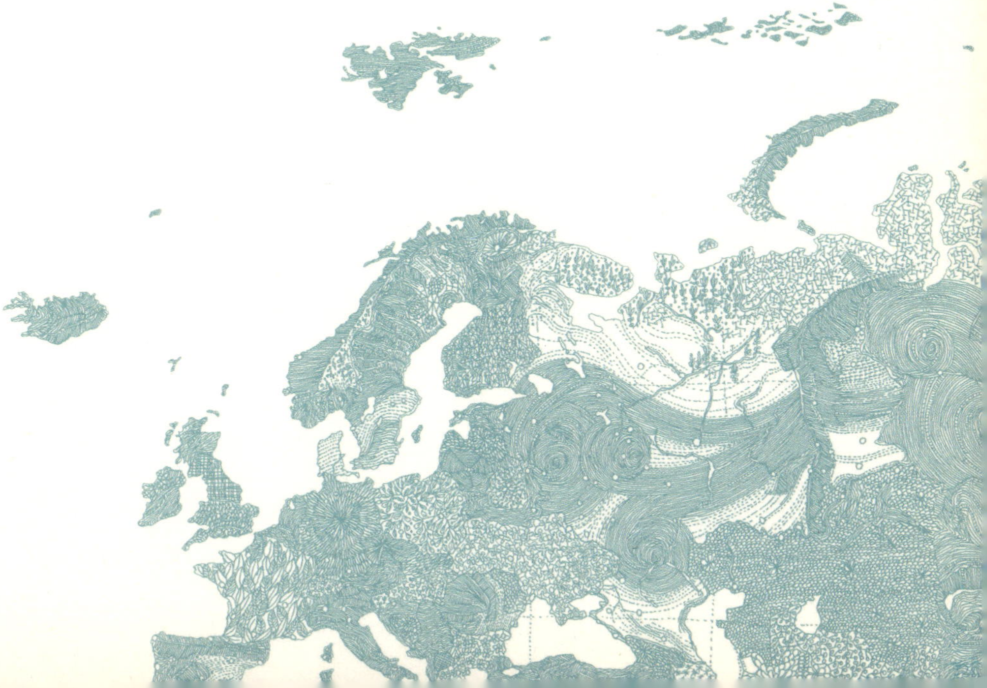

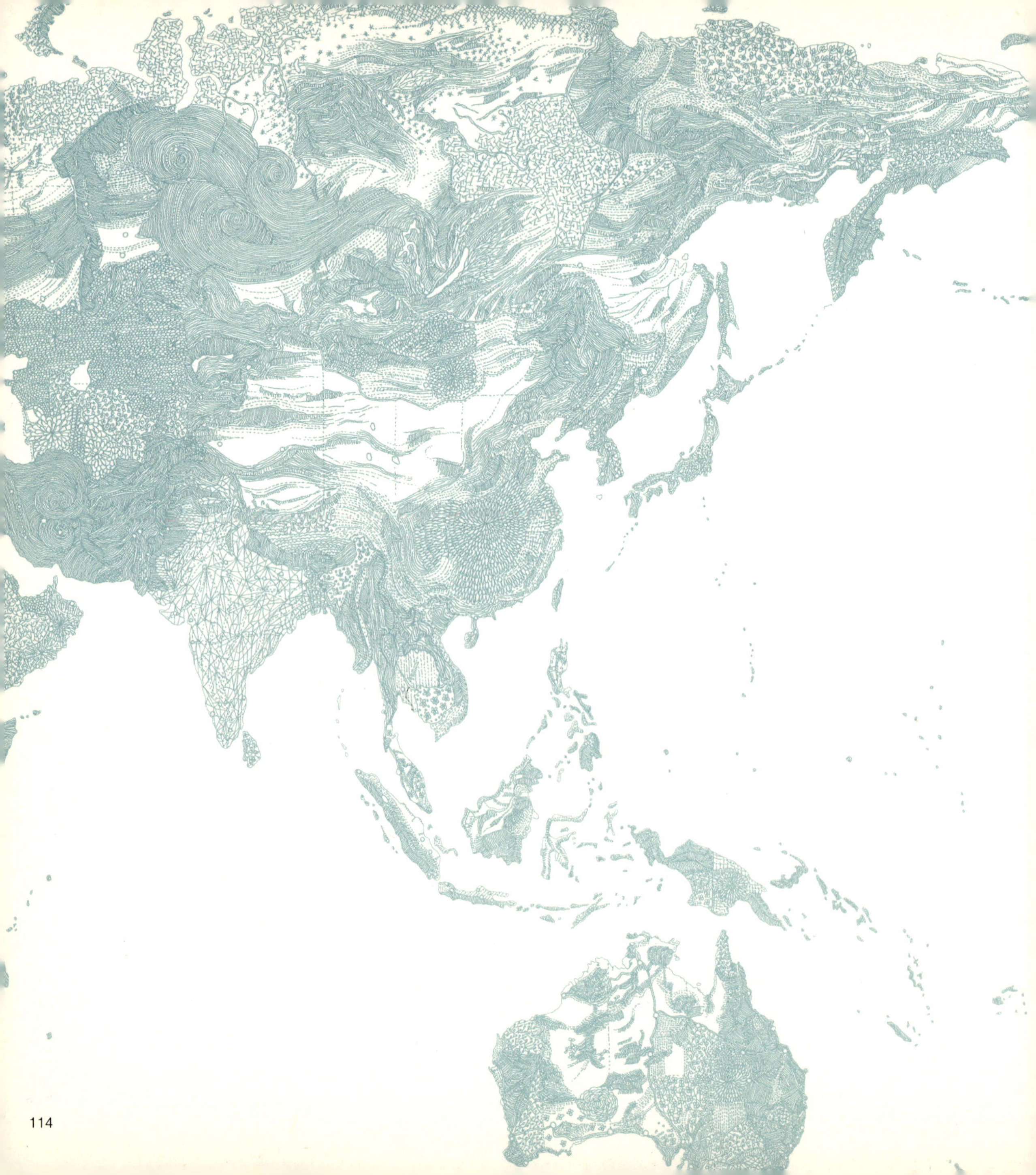

Great Journey
to The Frontier

新 天 地 を 求 め 続 け た 人 類 の 旅 路 。

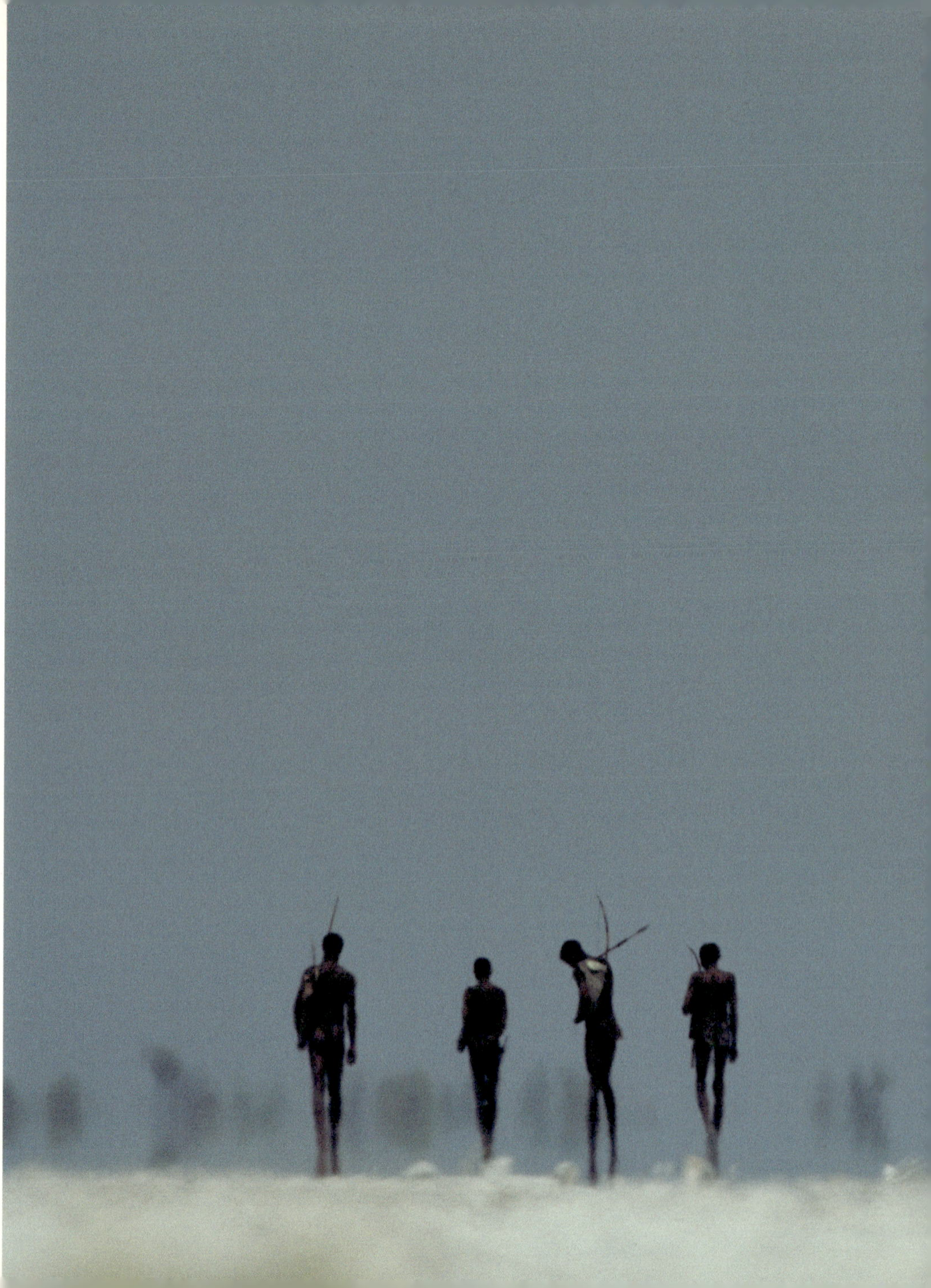

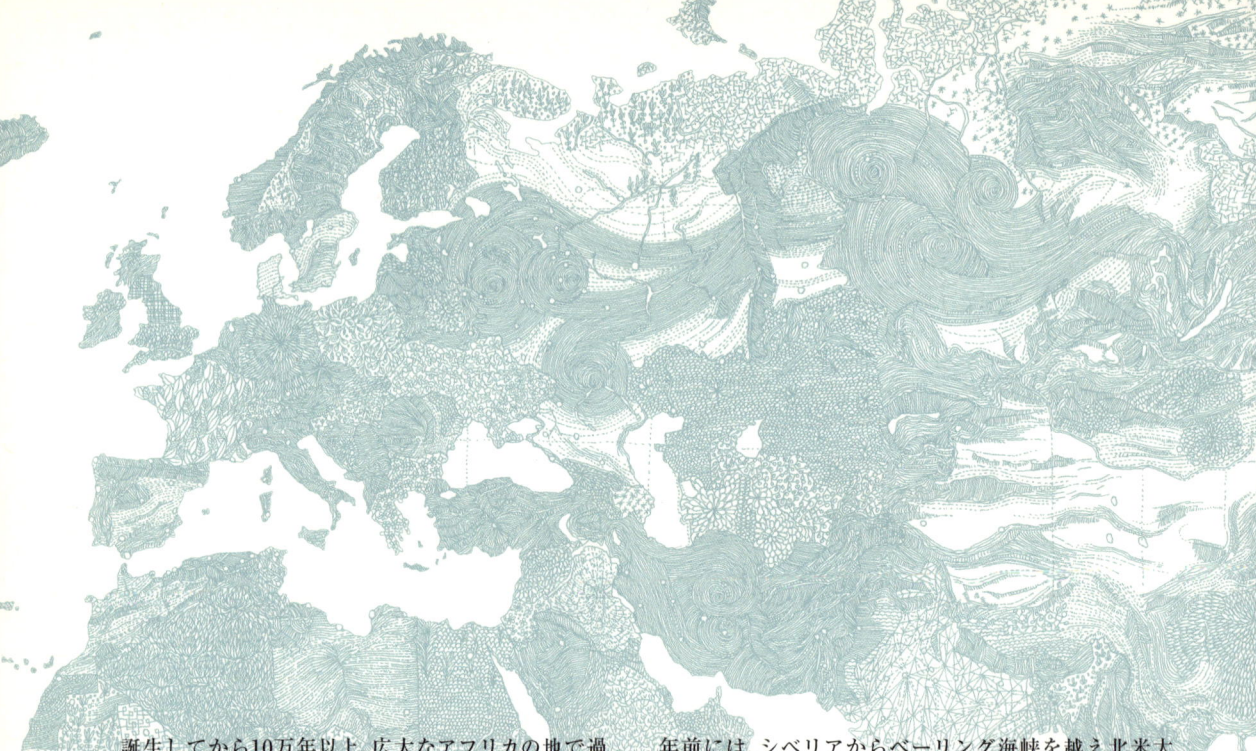

誕生してから10万年以上、広大なアフリカの地で過ごしていた現生人類は、食糧の確保が難しい寒冷期の中、ついにアフリカを旅立った。『出アフリカ』と呼ばれる"はじめの一歩"。

　アフリカを出てから、アジアに行くルートは二通りあった。広大なナイル川を北上して、地中海東部沿岸へと進むもの。もう一つは、「アフリカの角」と呼ばれる北東の突出部から、紅海を隔てたアラビア半島へ。最後の氷河期に入っていた当時の海面は現在よりも低かったため、原始的な舟を作って紅海を渡った可能性もあったという。

　西アジアに辿り着いた人々は、そこからさらに二手に分かれた。一つはそのまま中東に残り、二つ目の集団は中央アジアのインド、さらに東へと進んだ。中東に残った集団も、やがて新天地を目指して出発し、約4万年前にはシベリア南部に到達。およそ2万～1万5000年前には、シベリアからベーリング海峡を越え北米大陸へ上陸を果たしている。それからわずか1000年の間に、現生人類は南米の南端にまで到達した。

　私たち人類は、ほかの生物と比べてすべての能力で優れているわけではない。人類よりも力が強く、俊敏なものもいる。しかし結果的に、70億人近くにまで圧倒的に数を増やし、生息地域を広げ続けてきた。なぜ、私たちはそれほどまでに繁栄できたのか。

もう一つの人類との遭遇

　4万年前。シベリアに到達したのと同じ頃、現生人類はヨーロッパの領土にも進出していた。ところが、そこにはすでに私たちの祖先よりも10万年も早く誕生していたもう一つの人類『ネアンデルタール人』が生息していた。体型はがっしりした筋肉質で、身長も脳の大きさも同じくらい。用途別に石器を作ることがで

きるなど、私たちとほとんど変わらない能力を持っていた。しかし、彼らは3万年前を境に絶滅した。絶滅理由の有力な説は"言語能力の差"で、彼らも原始的な言語を話してはいたが、現生人類の方がより複雑なコミュニケーションをしていたといわれている。その能力は、"集団としての生存力の差"を意味してもいる。

大型から中型の哺乳類を捕まえるネアンデルタール人の狩猟生活は、食糧の確保が難しい時期には、女性と子どもが総出で狩猟をした。営みの単位は、せいぜい家族3世代が集まった程度の規模。一方、現生人類は、男性が大型の獲物を追って狩りをし、女性や子どもが小動物を捕まえ、木の実や植物を採集する"分業"が成立していた。営みの規模は自然と大きくなり、必然的に人と人とのやりとりも増加する。家族から村へ、村から街へと"協働的な社会"を築き上げてきた私たちの祖先。その営みの許容範囲を超えると、生存するために新たな住処を求めていく。この新天地を求め続けてきた軌跡が、まさに生命の歴史そのものである。

生命の誕生から約38億年。海で生まれた生命は、地球全体が凍りついた時には、数千mの地下深くに潜った。海水から淡水の世界へ移り、やがて地上へ上陸。地上の強敵から逃れるように森の世界で暮らし始めた私たちの祖先は、いま再び森を出て地上で暮らしている。極寒の地であっても、酸素の薄い高地であっても、少しずつ環境に適応しながら、火をおこし、屋根を作って家を建て、街から都市へと姿を変えても、近代的な高層ビルを所狭しと並べて、現在も変わらず新天地を求め続けている。

生命力とは、この"生き抜くための場所"を探し続けること。人類の営みはいま、"国家"を超えた"地球"という単位にまで拡大しようとしている。

New York　ニューヨーク

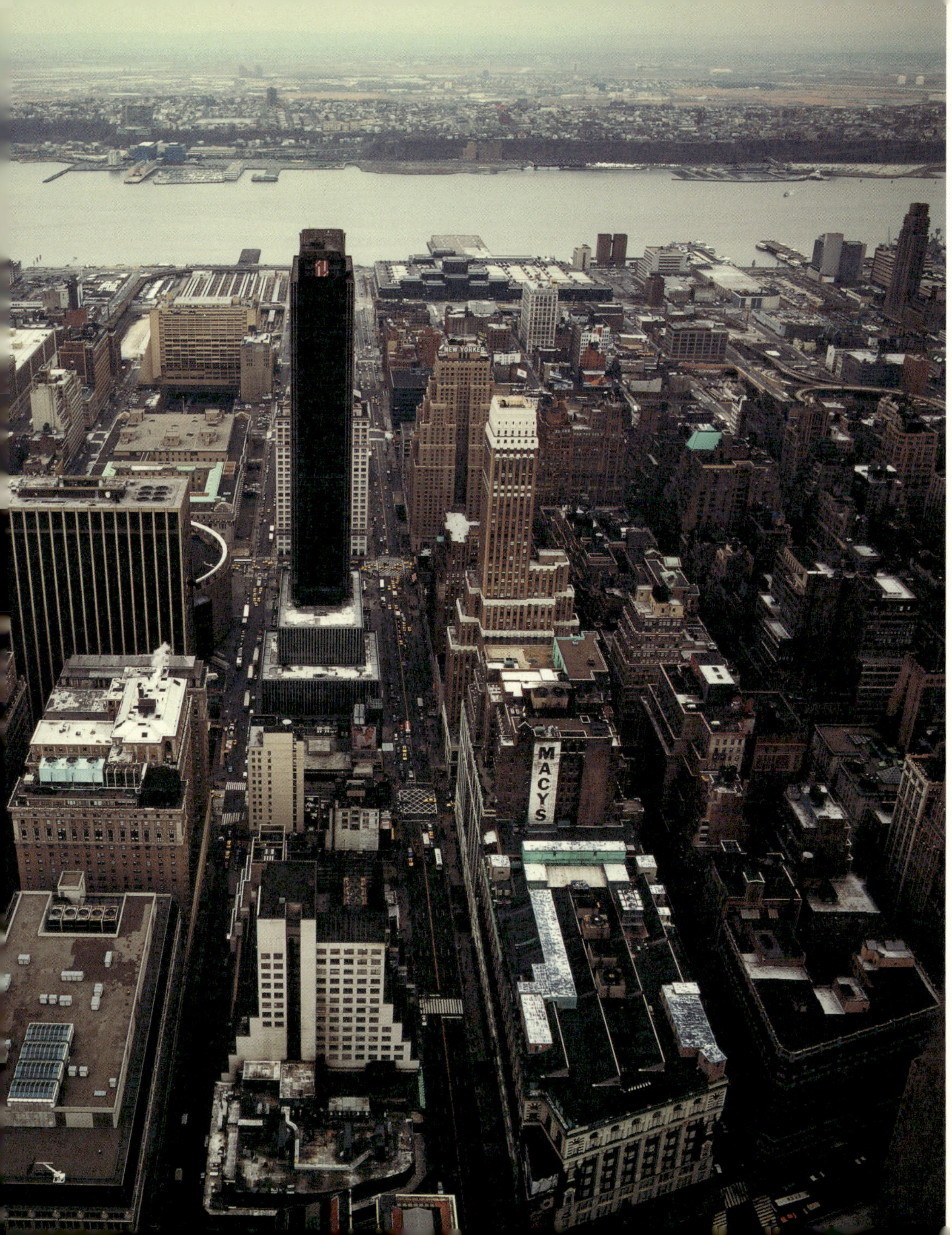
NEW YORKER
MACYS

Toledo　トレド

Mumbai ムンバイ

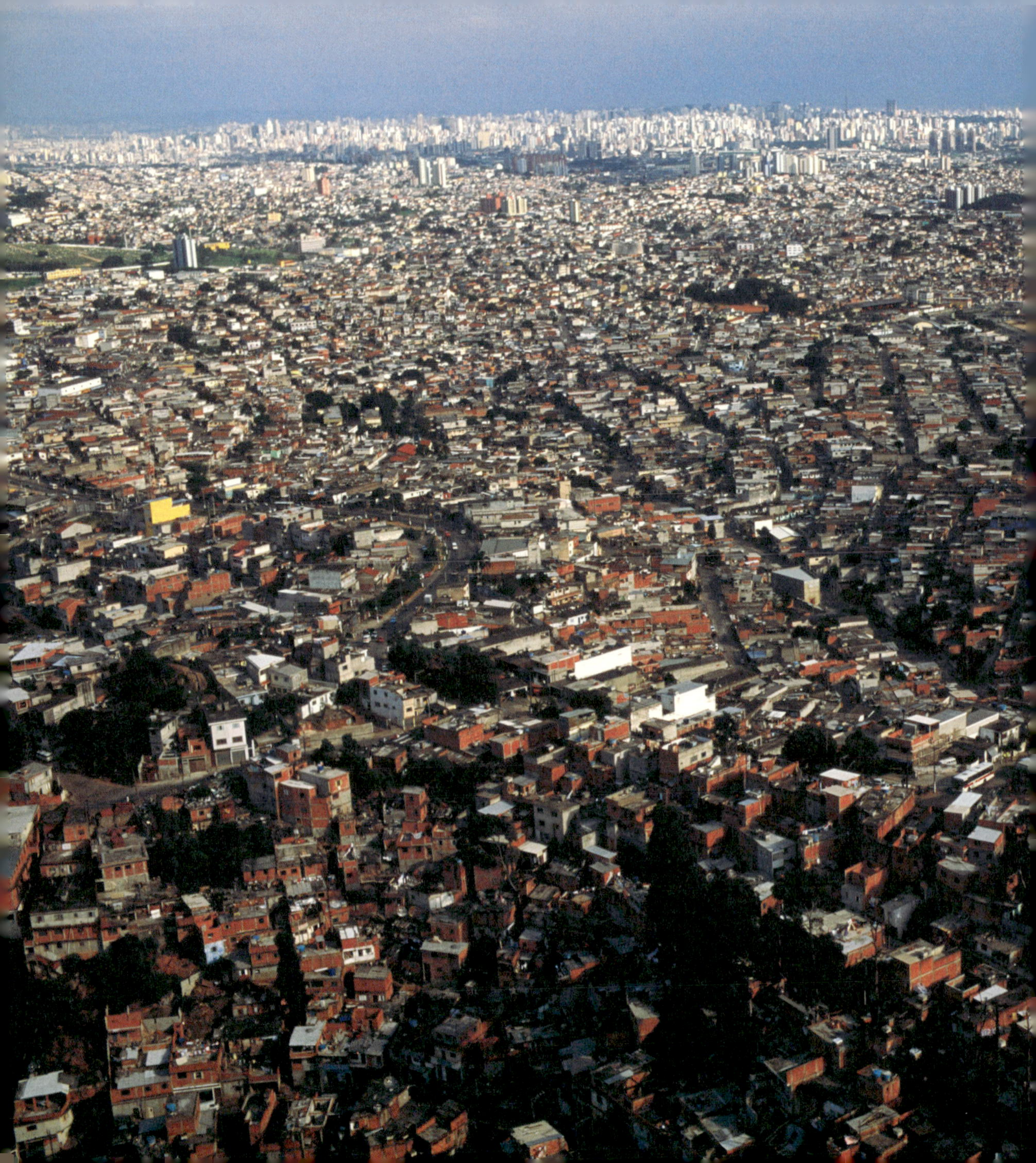

Sao Paulo　サンパウロ

Moscow　モスクワ

Cairo　カイロ

Tokyo | 東京

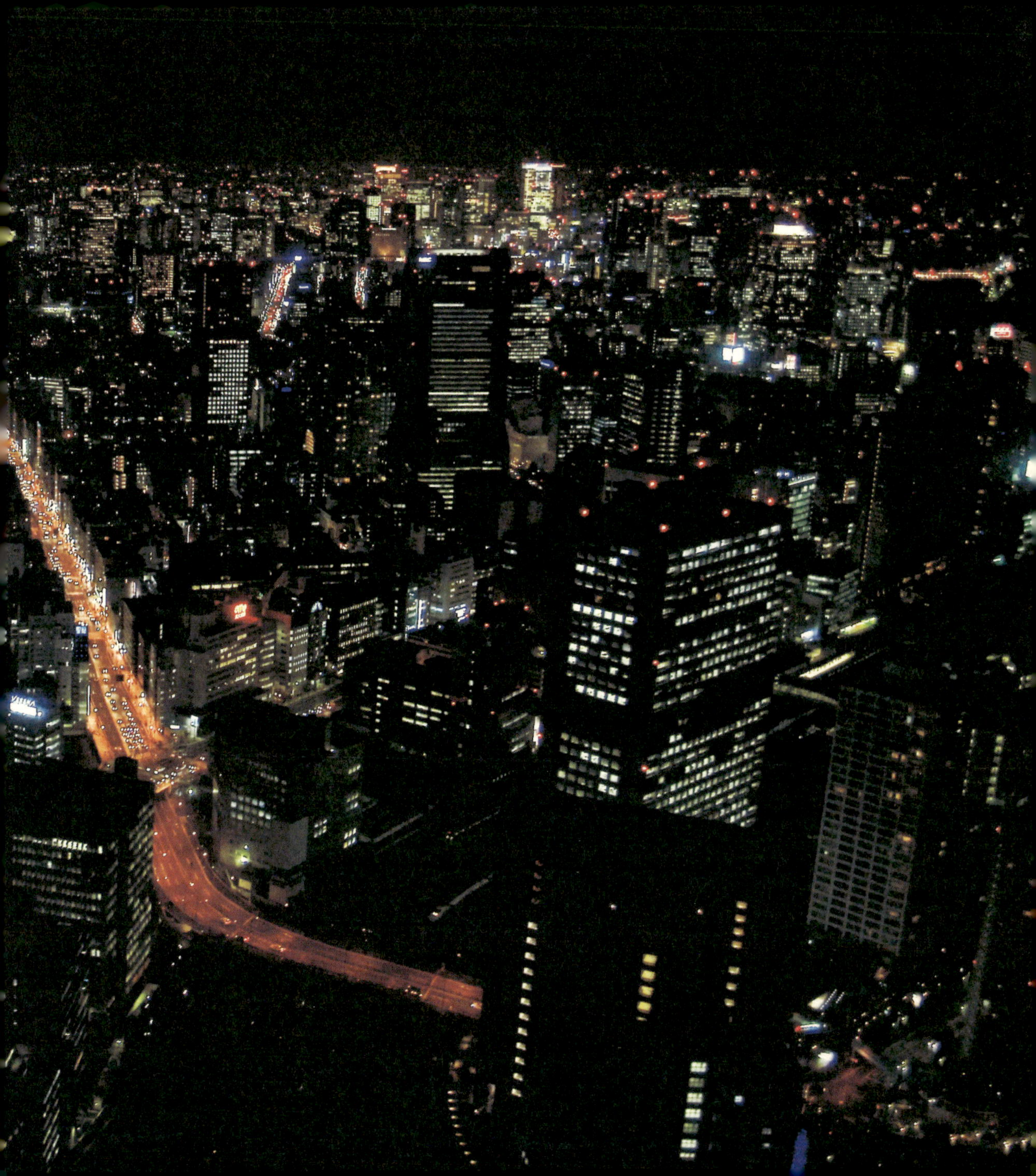

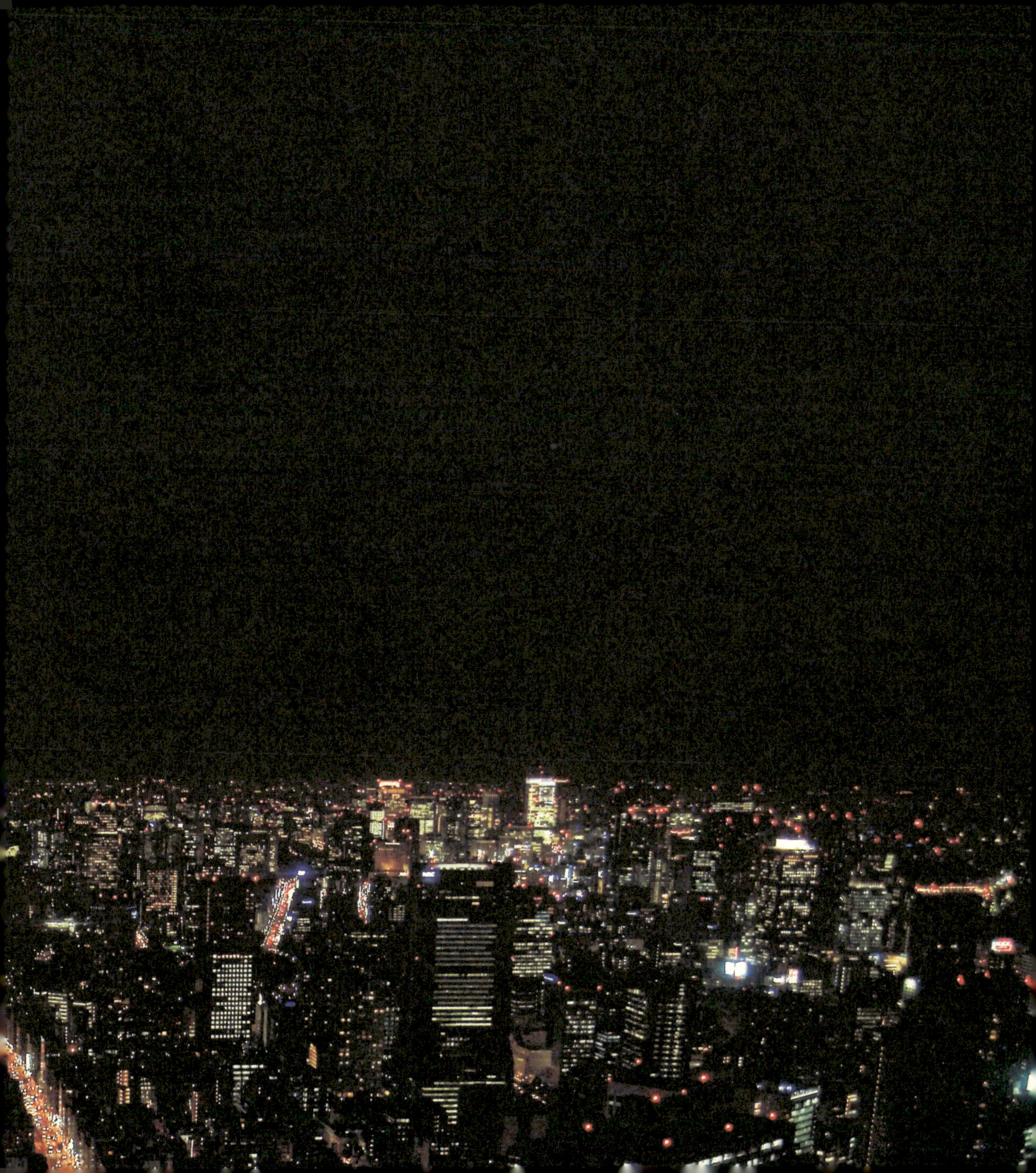

to The **New** Frontier　宇宙という名の新天地

| Space Station | 宇宙ステーション |

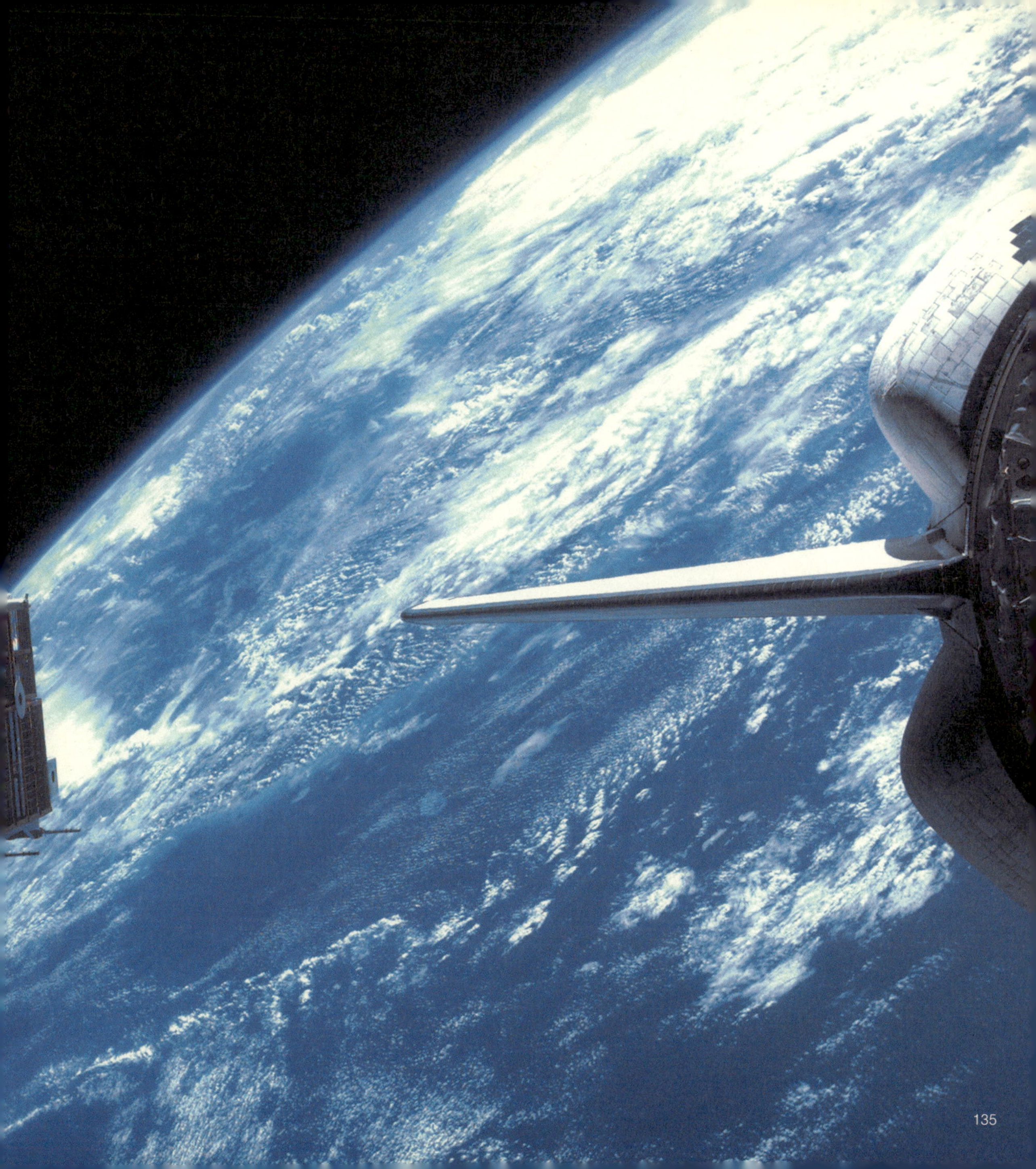

人が宇宙を夢見た日々

もはや地球上にあるほぼすべての陸地へ到達した21世紀を生きる私たち現代人も、"新天地"を求める旅をやめたわけではない。

人類の歴史上、天文学は古くから発展しており、いまもなお古代遺跡からは驚愕するような天文学に関する遺跡が発見されることがある。天体観測のデータで作られたあまりにも正確な暦は、その代表格。時に海を渡る旅人の道しるべとなり、農耕においては収穫の知らせとなり、各地で数々の物語を生んだ。いつの時代も、人は"空"を見上げていた。

その空を初めて飛んだのはライト兄弟。20世紀初頭に彼らが飛行機を発明すると、瞬く間に何千もの飛行機が空を自由に行き来する時代が到来した。空を"見上げる"時代が終わり、人は空を"移動する"ようになったのだ。それまでの陸路、海路を移動する自動車、電車、船などは、人の「足」の延長だったが、飛行機は新たに「翼」を得たようなものだった。

旅客機が飛ぶ高度は、地上約10km。地球の大気圏は、その遥か上空の約100km。しかし、人類が作った翼が初めてその"壁"を超えるのに要した時間は、わずか半世紀。1957年、ソ連(現ロシア)の人工衛星『スプートニク1号』は、初めて大気圏を抜け地球の軌道に乗った。そして四年後には、『ボストーク1号』からユーリ・ガガーリンが宇宙に浮かぶ地球を眼下におさめた。

小さな一歩と大きな飛躍

「地球は青かった」

ガガーリンが、宇宙飛行の感想を語っている頃、当時のアメリカ大統領だったジョン・F・ケネディは、10年以内に人類を月へ送り込むことを宣言した。これまで人類にとって夢物語でしかなかった地球以外の星への旅が現実味を帯び始めた。

1969年7月21日。ついに、その宣言は実行された。アメリカの『アポロ11号』が月面着陸に成功。距離にしておよそ38万km。地球約30個分の距離を移動して月へと辿り着いたのだ。人類史上最長の移動。その瞬間は衛星放送によって世界中に発信され、多くの人々の記憶に深く刻まれた。初めて月を歩いた宇宙飛行士ニール・アームストロングの「これは一人の人間にとっては小さな一歩だが、人類にとっての偉大な飛躍だ」という言葉は、人類による新天地への探究が新しいページにさしかかったことを示していた。

未完成の宇宙地図

21世紀に入ったいまも宇宙開発はさらなる発展を続けている。国家間だけで競われてきた開発は、世界16ヶ国が参加する『国際宇宙ステーション(ISS)』計画によって、"地球人"として共通した目標を掲げられるものへと変化してきた。

ISSの建設は、間もなく完成を迎え、日本の実験棟『きぼう』もすでに運用中だ。ISSは、月だけでなく、火星や木星の衛星など、さらに宇宙の奥地へと開拓するための"旅支度"の場所。月の次に人類が行ける可能性が最も高い火星ですら、宇宙滞在期間は二年にも及ぶため、長期間にわたって宇宙滞在ができる技術と知識が求められる。宇宙飛行士たちは、そのための研究と施設の維持管理などを行っている。宇宙飛行士の体の変化をデータとして蓄積し、宇宙空間が人体に与える影響を調べるミッションは、その中でも重要な研究となっている。

人類は、再び星へ向かう。

大航海時代、コロンブスの冒険心を駆り立てた未完成の世界地図はすでにない。地球上すべての陸、海の情報がびっしりと記され、GPSまで存在する現在。未完成の地図は、いま138億光年の宇宙空間にまで広がろうとしている。

宇宙で地球を夢見る夜

　スペースシャトルが発射されてから上空約400kmに浮かぶ『国際宇宙ステーション（ISS）』までの所要時間は、わずか15分。地上の通勤通学よりも短い時間で「宇宙」に着いてしまう。そこで見えるのは、ガガーリンやアームストロングが見た宇宙に浮かぶ地球だ。

　約50年前、人類は誕生以来初めて"外側"から地球を見た。過去のさまざまな研究によって、自転していることや、海と陸が約7対3であること。さらには、先に打ち上げた人工衛星によって、その外観もわかっていた。しかし、実際に宇宙の中にぽつんと存在する地球を見た時、人の心は強く揺さぶられたはずだ。だから、ガガーリンやアームストロングの一言が、人類全体の感嘆として語り継がれているのだろう。そして、これからはより多くの人々が、彼らと同様の体験をする時代になる。

危険と隣り合わせの日常

　ISSで研究を行う宇宙飛行士は最大6名ほど。宇宙空間に存在するISSでの生活は、無重力のため常に体が浮いている状態だ。船内の壁を軽く蹴ったり、手で押すなどして力を加えれば、まるで水中を泳ぐように滑らかに移動できる。地上では、頭が上で足が下とい

人類史上初めての月面着陸

う上下感覚があるが、宇宙ではそれがないため、ISSでは意図的に天井と床を作り、上下を認識できるようにしている。『宇宙酔い』といわれる車や船で酔ったような状態になるのも、これが原因とされている。

　宇宙酔いから醒めるのは、宇宙空間に滞在してから約5日目。この頃になると体に変化が生じ始める。身長が2～5cmも伸びるのだ。これは重力から解放されたために起こる現象。身長だけではない。無重力は、筋肉と骨の減少をまねく。宇宙に一週間滞在して変化する筋肉と骨の量は、地上での成人が一年で変化する量とほぼ同じだ。さらに、循環する血液量が少なくなるため、血管が細くなったり、心臓も小さくなる。地球に帰還すると、しばらく歩くこともままならないのはこのためだ。これらは「老化現象」に似ているが、体が新たな宇宙環境に適応していくゆえの変化ともいえる。

　遮るものが何もない宇宙空間で、爽やかな朝の光を浴びながら目を覚ます。地上で暮らしていると、ついそんな目覚めを想像してしまうが、宇宙の"一日"は短い。秒速8km（時速2万8800km）で移動しているISSは、地球をわずか90分で一周する。朝と夜が45分ごとに訪れる環境では『体内時計』に狂いが生じ、不眠症や食欲不振に陥りやすい。宇宙で食べるのを楽しみにしていた好きな食事のメニューも、いざ食べると味が違ったという味覚変化の例が報告されているが、これは体内時計の乱れに起因している可能性がある。

　また、地上では日光浴をして日焼けをするが、宇宙空間には有害な紫外線から守ってくれるオゾン層や大気がないため、地球にいれば多くの恩恵を受ける太陽も脅威となる。いつの日か火星に行けることができたとして、赤い大地に昇る美しい太陽を拝めたとしても、そこに一時間もいれば日焼けどころか、大量の放射線によって被爆し、遺伝子や内臓にも致命的な損傷を負ってしまう。火星は地球より太陽から約7800万kmも離れているにもかかわらずだ。

帰るべき故郷、地球

　ISSでの生活は、そんなさまざまな人体への制約の中で繰り返されていく。宇宙空間にいても、眠りにつく前には入浴と歯磨きをするが、使える水はごくわずか。制約は生活資源にも及ぶ。バスタブにお湯をはることはもちろん、シャワーすらない。水を使用しないシャンプーと歯磨き粉を使い、ウェットタオルで体をふく。疲れを癒すベッドは、寝ている間に浮遊しないように固定された寝袋。宇宙での一日は、そうやって終わる。

　ISSから地球への帰還日。ある宇宙飛行士は、大事なことに気づかされたという。地球の天候によって、帰還が一日延期した時、予想外に落胆している自分。宇宙はあくまでも"旅先"であり、地球が"わが家"であったことを再認識するところなのかもしれない。

　1969年、アポロ11号の宇宙飛行士たちの目には、月の地表のかなたに地球が映っていた。それは、宇宙に漂う"天体としての地球"を見たということ。宇宙から見れば、地球はまぎれもなく、大陸、海、大気、生命が有機的に繋がった一つのシステム。人類は、いまもそこで生まれ、そこで暮らしている。138億光年という広大な新天地「宇宙」。それでも"帰るべき故郷"は、ただ一つしかない。

火星の地平線に沈む太陽

１２月３１日

２４時００分（現在）

人 類 の い ま

21世紀。私たちは、70億近くにその数を増やし、地球上に「文明」というものを築き上げてきた。
器用な手先の技術力と、それを支える脳の思考力。
食糧を自ら生み出す知恵や、病を治し延命する技術。
いまや、故郷の地球を離れることさえ夢見られるまでになった。
それでも、私たちの営みには、解決できない問題が山積(さんせき)している。
競争原理の下で生まれる、裕福な国と貧しい国の経済格差。
有史以来続く、終わりなき国家や民族の争い。
そして、産業革命からわずか250年。
人口増加と経済発展に伴って、石油をはじめとしたエネルギー資源の不足や、
食糧や水などの生活資源が不足しつつある。
急速なスピードで進化を遂(と)げてきた私たちに、いま「生存の道」が問われている。

「弱肉強食こそが自然界の摂理」として、私たち人類の暮らしに取り入れてきた"競争原理"。しかし、"弱肉強食"という言葉の意味を私たちは履き違えて使ってきた。自然界では、確かに力の弱いものが強いものに凌駕される。けれど、ライオンが必要以上にガゼルを駆逐することはない。同情からではなく、ライオンが"生存"し続けるためにガゼルの"存続"が必要なのだ。

そもそも弱者か強者かは、地球環境が決める。刻々と変化する新たな環境に適応したものだけが生き残る。誕生する命と、絶滅する命。現在、3000万種以上の生命がいる一方で、その何百倍、何千倍という種が絶滅してきたに違いない。生命の歴史とは、つまりは絶滅の歴史でもある。私たちもそんな激動の歴史を生き抜いてきた種の一つでしかなく、人類という種もまた、絶滅の歴史だった。

人類の誕生（12月31日10時40分）

700万年前。私たちの祖先はチンパンジーと分かれ、直立二足歩行の『人類』として誕生した。それ以前の地球は比較的暖かく穏やかで、長らく霊長類はアフリカ熱帯雨林の森で暮らしていた。しかし、地上の気候がどうであれ、地球の下ではいつでも膨大なエネルギーが渦巻いている。

遡ること5000万年前。その地下深くのマントル対流によって、インド亜大陸がアジア大陸に向けてゆっくりと移動していた。やがて二つの大陸は衝突する。高さ5000m。巨大な山脈が生まれた。現在のヒマラヤ山脈だ。山脈は大気の流れを一変させた。熱帯雨林が生い茂っていたアフリカ大陸に、乾燥した大気を運び込む。雨が減少し、熱帯雨林の森から草原へと徐々にその姿を変えていった。住処の縮小、食糧の不足。人類が生まれたのはそうした環境下である。

人類はその後、『猿人』『原人』『旧人』『新人』と進化の道を辿るが、それは決して一直線の系譜ではない。さまざまな種が生まれ、それぞれに進化していった。その数、21種。250万年前には、草食から肉食化した「ホモ属」が誕生し、脳の大型化を果たした『ホモ・エルガステル』や、ジャワ原人・北京原人で有名な『ホモ・エレクトス』、3万年前まで共存していた『ホモ・ネアンデルターレンシス（ネアンデルタール人）』など、次々に別の種が生まれていった。そして20万年前。私たちの直接の祖先『ホモ・サピエンス』が誕生したのである。

しかし21種の人類は、私たちを除いてその"すべて"

が絶滅した。なぜ、私たちの種だけが生き残ったのか。私たちの"何"が生存に適していたのか。その理由は定かではない。

私たちが"いま"ここにいる理由

　21世紀。「地球にやさしく」という掛け声の中、一人ひとりにできることを模索する私たち人類。いつの頃からか、人類が"強者"で、地球が"弱者"になった。そして「地球環境問題」は、いつしか"先進国と途上国のどちらが悪か"の「責任問題」へとすり替わり、各国の争いの火種とさえなりつつある。村から街へ。都市から国家へ。人類がなぜこれほどまでに"集う"ことができたのか。その答えが私たちにすでに刻まれていることを、つい忘れてしまう。

　人類には、ほかの霊長類にはない"目"の特徴がある。それは『白目』だ。弱肉強食の自然界において、目の動きが強調されてしまう白目の存在は、敵を攻撃する際には不利に働く。私たちの祖先は、そのデメリットを"争いの少ない世界"を作り上げることによって克服してきたはずだった。

　そして人類は、『第2の遺伝子』と呼ばれる「言葉」も進化させた。DNAは生きている間の"経験"を記憶できないが、私たちは自らの経験を時間を超えて継承することができる。進化のルールを変えることができる。私たち祖先は、それで何を語り合い、何を思考してきたのだろう。

　この地球を"古くも新しい場所"として生き抜く意志が、生命力が、いま私たちに問われている。進化論に沿えば、この環境変化に適応した種がいつかは生まれるのかもしれない。もしも宇宙で生まれた子どもが成長する時が来れば、やがてそれに適した体の進化を遂(と)げるのだろうか。けれど、それはもはや"私たち"ではない。また別の人類だ。地球生命"体"の私たちには、この手に、この足に、そのすべてに地球の歴史が強く深く刻まれている。相手の目を見るだけで、嘘を見抜くことも、愛情を理解することもできるのは、"同じ種"として共に生き抜いてきた、まぎれもない証(あかし)の一つ。

　地球が誕生してから46億年。その途方もない時間も、いまを生きる私たちにとってはプロローグにすぎない。目指すべき新天地は、地球。"本編"はこれから始まる。68億人で歩む進化の旅路は、決して終わらない。

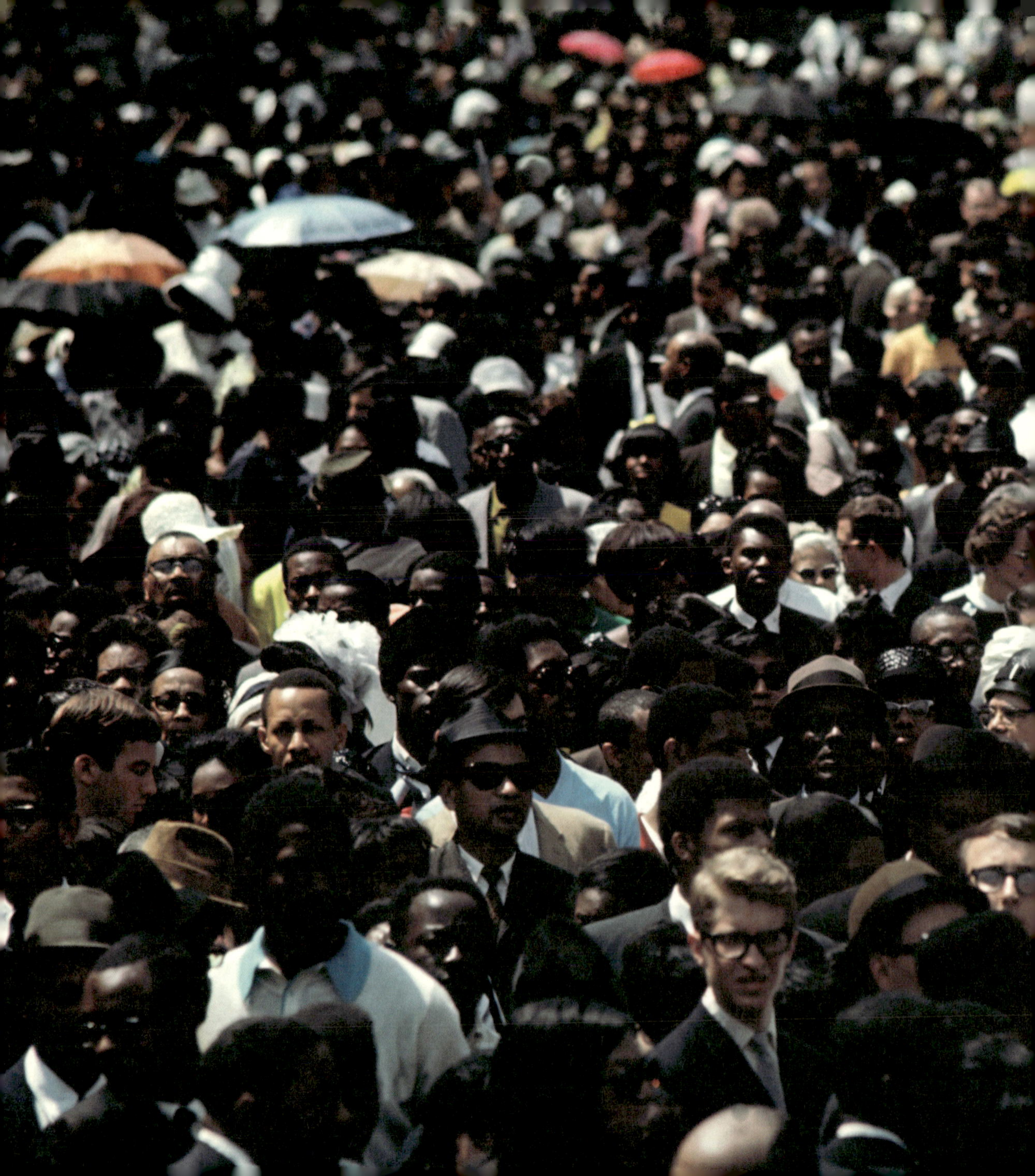

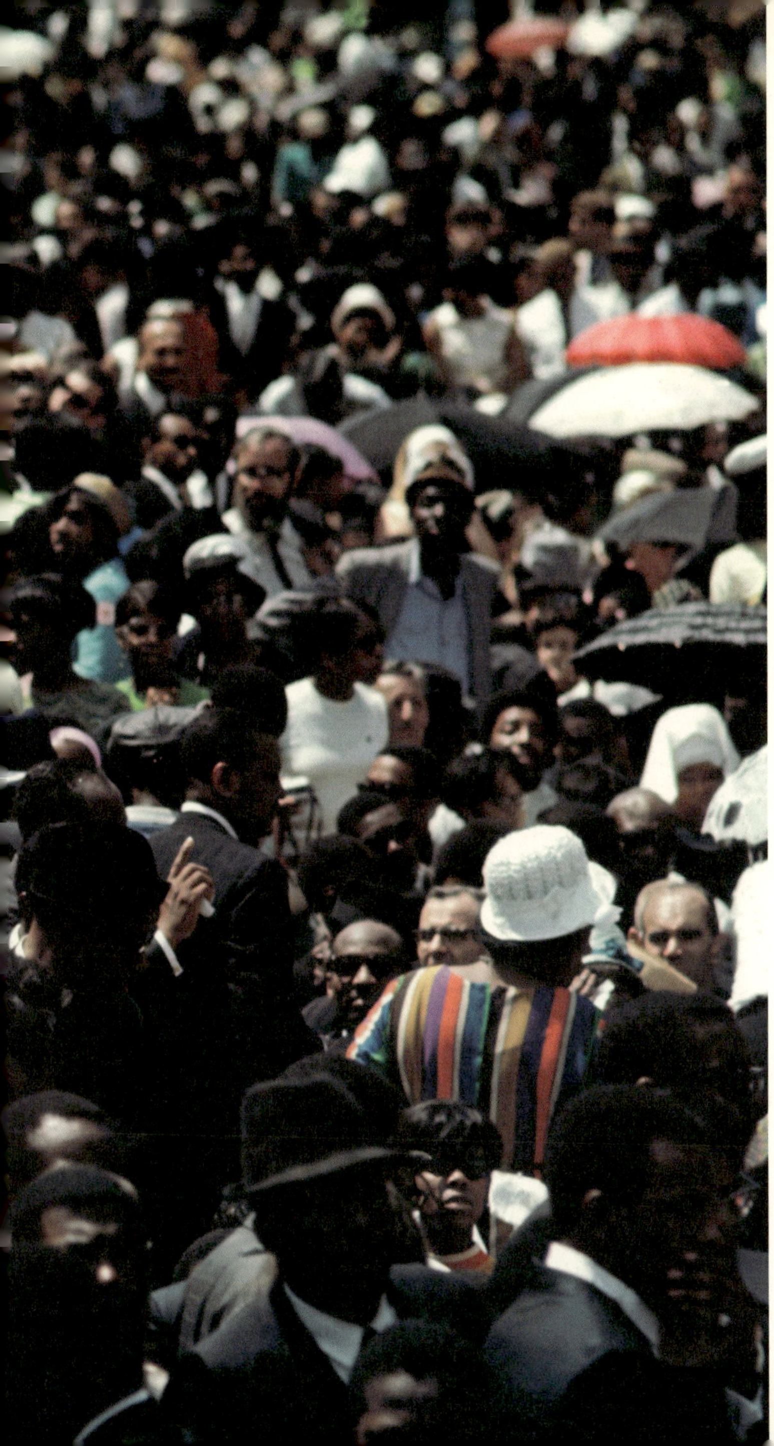

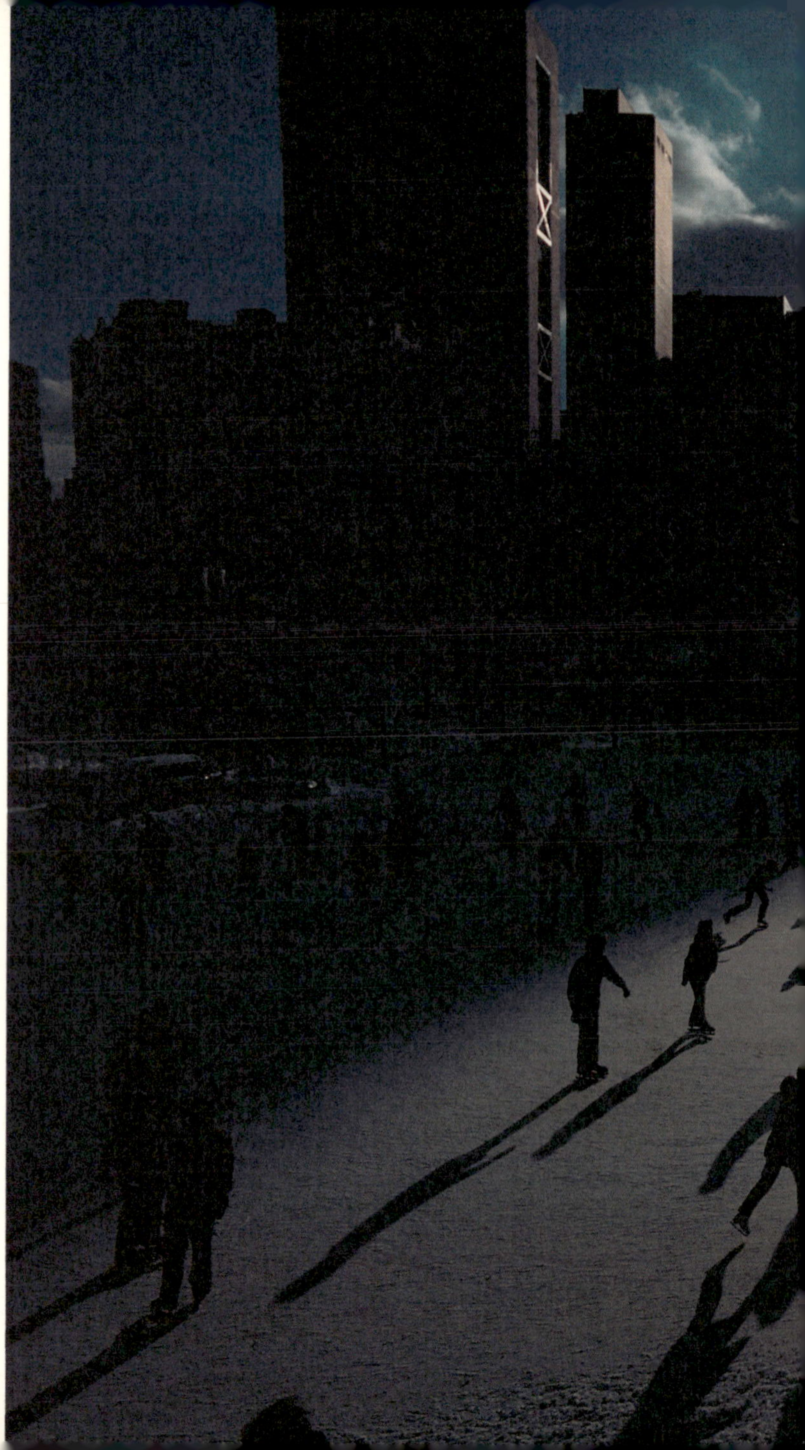

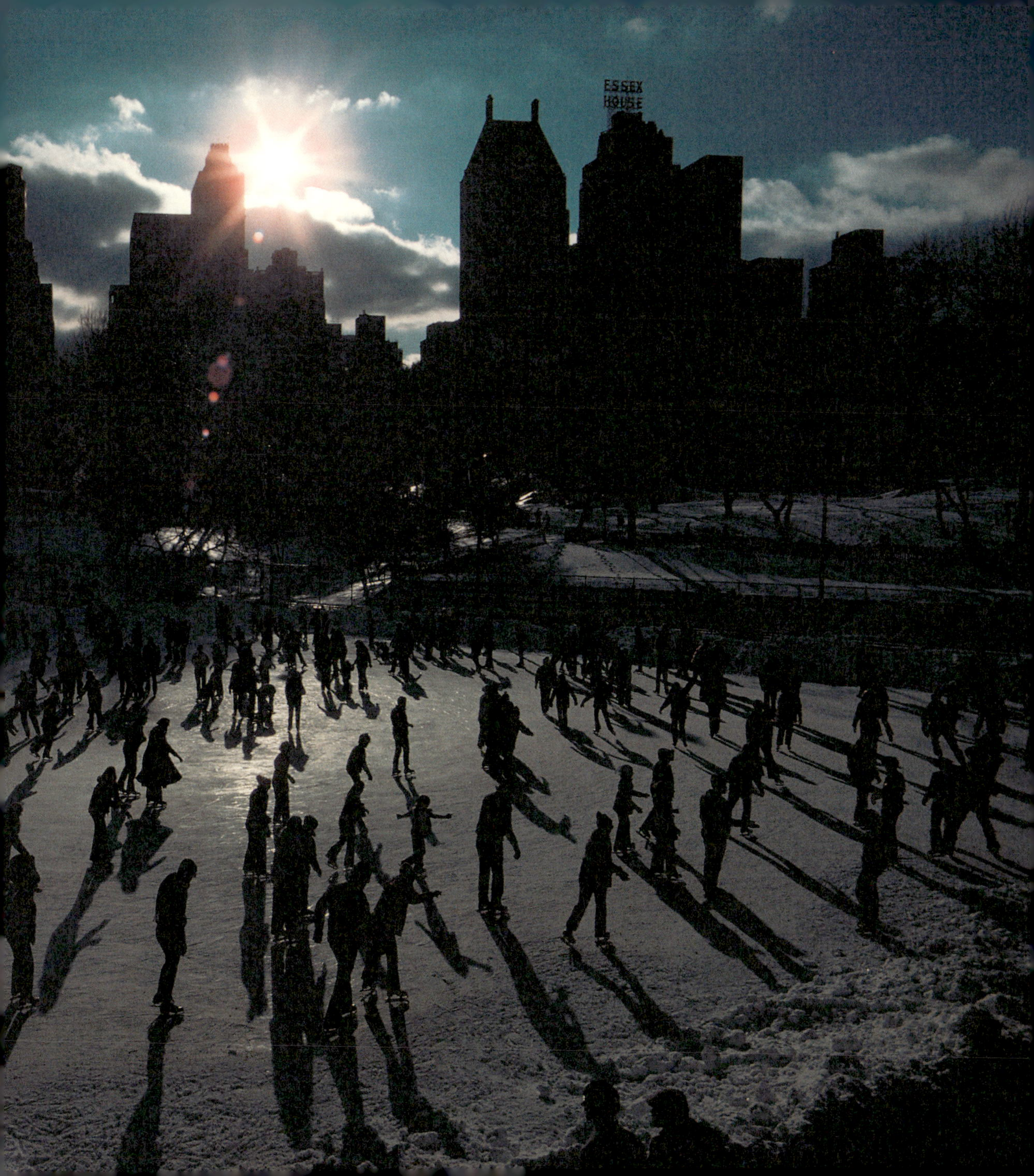
ESSEX
HOUSE

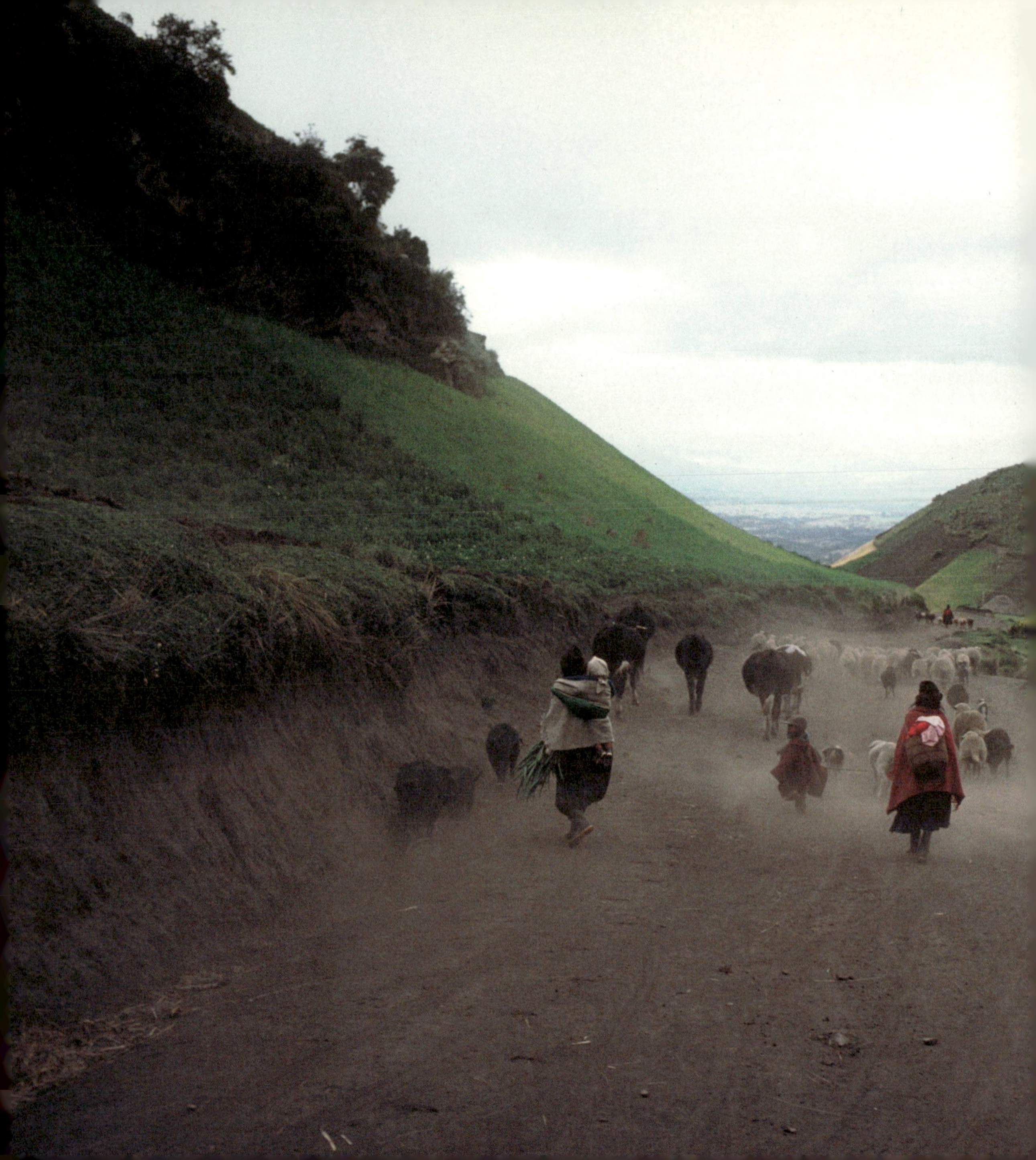

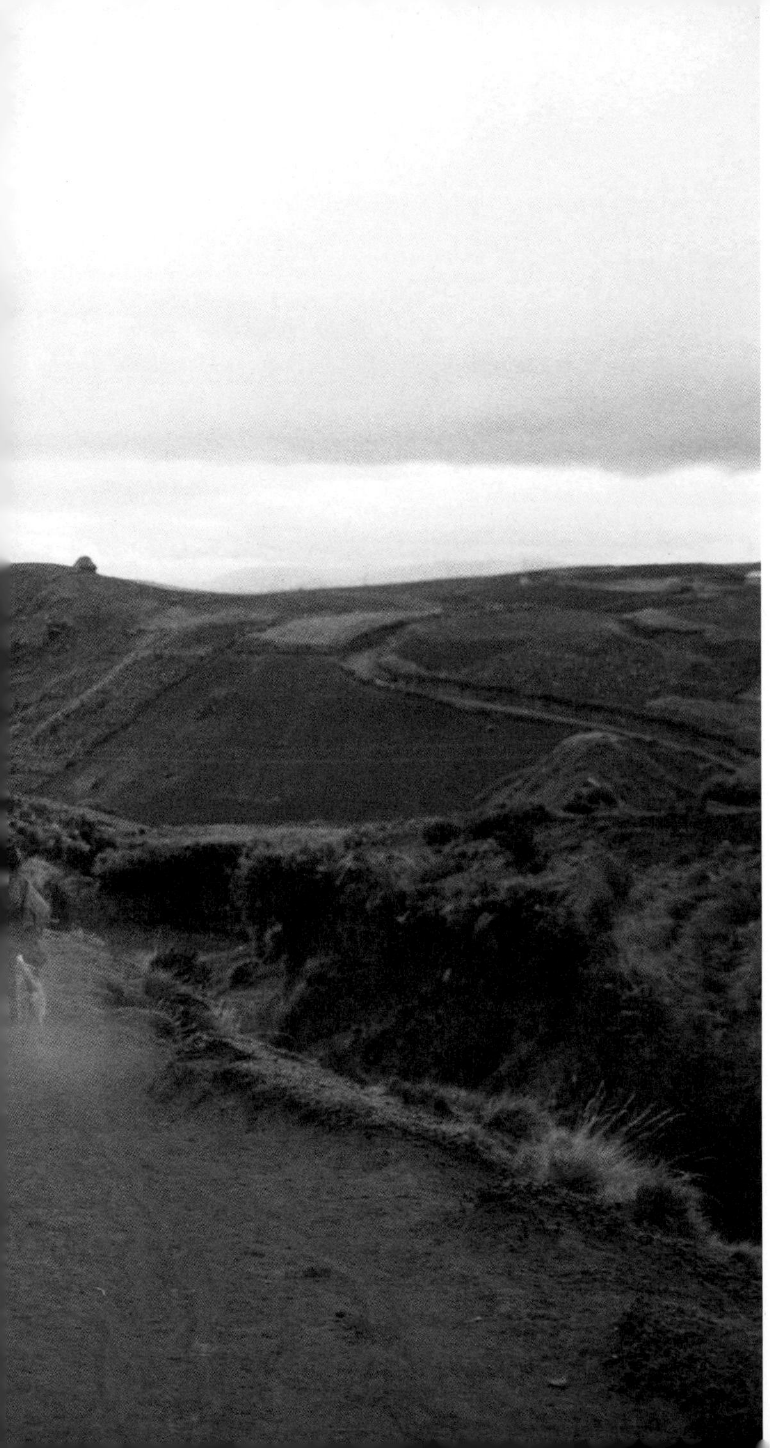

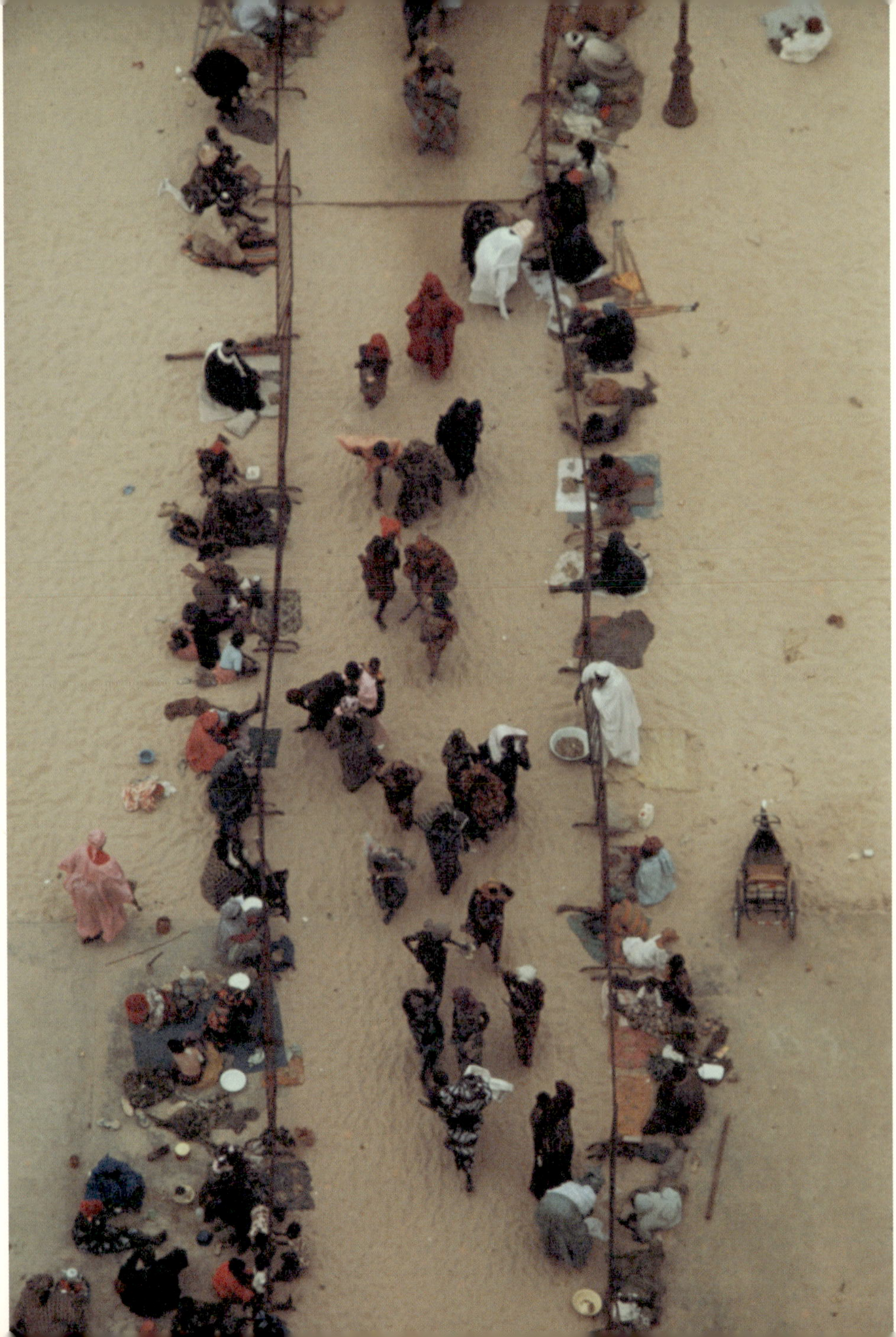

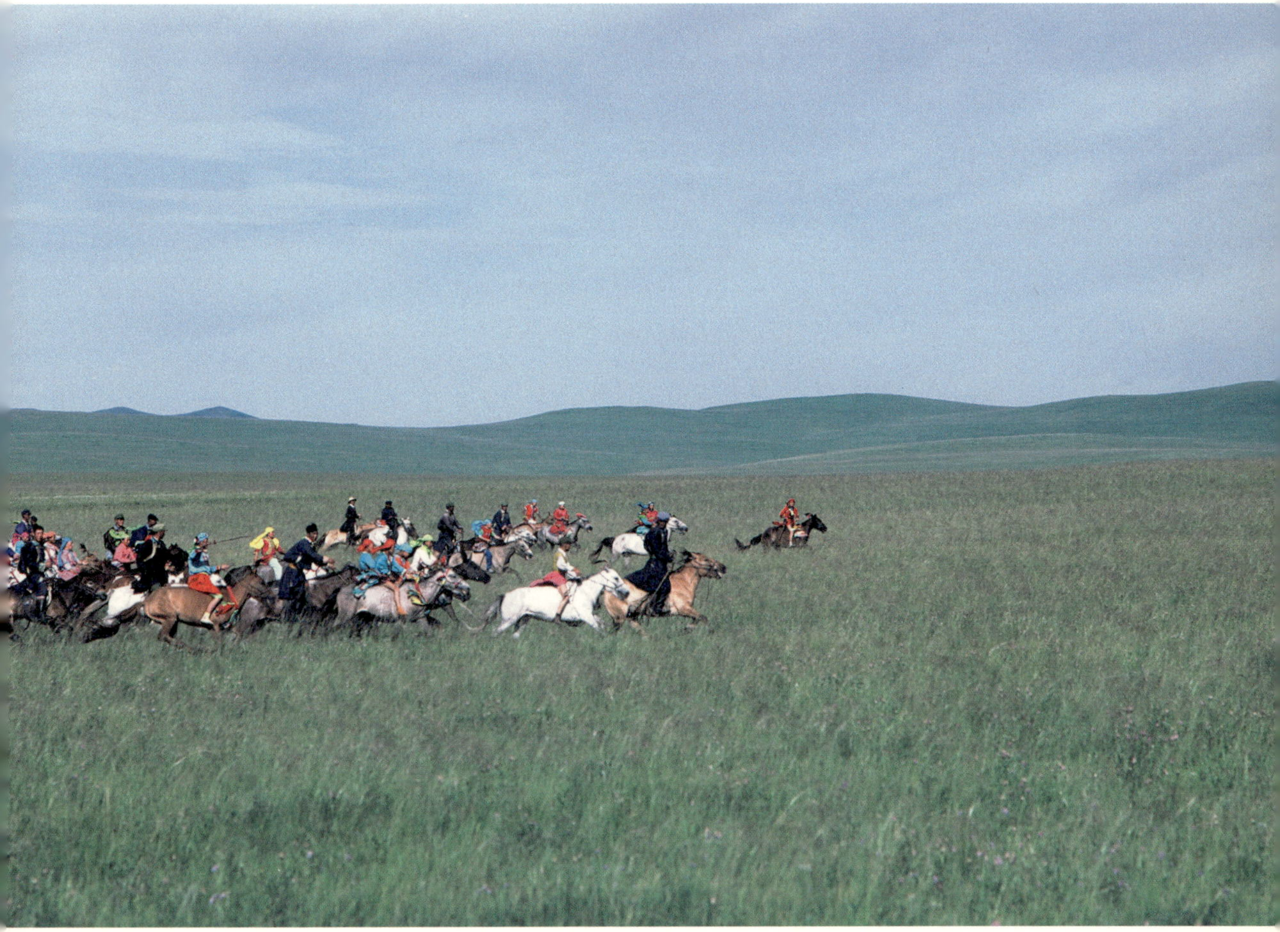

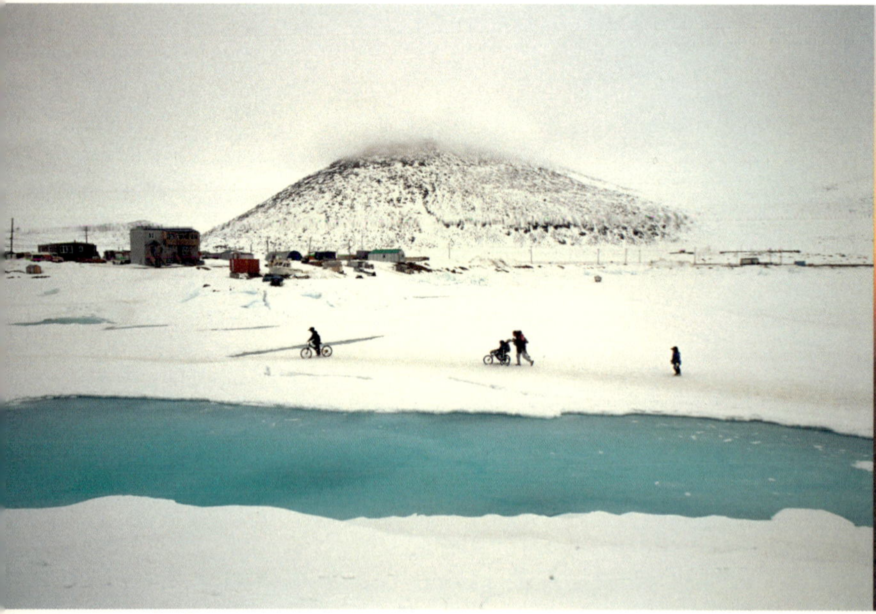
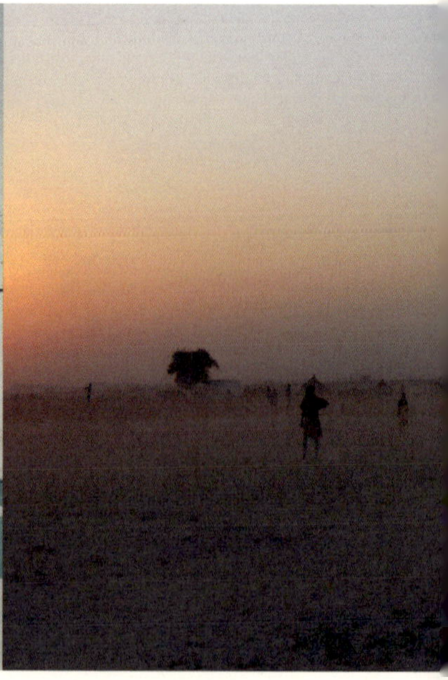

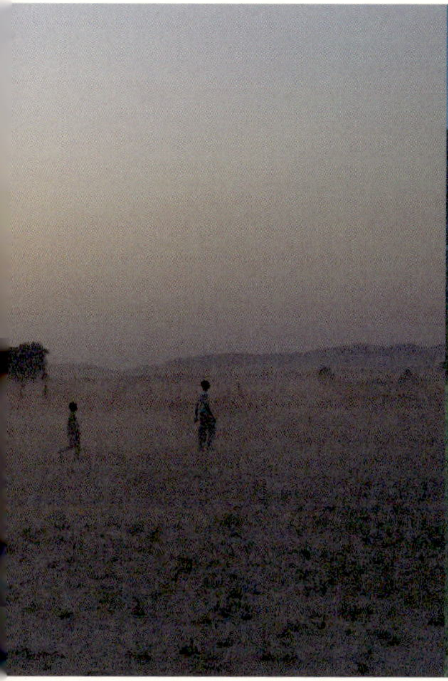
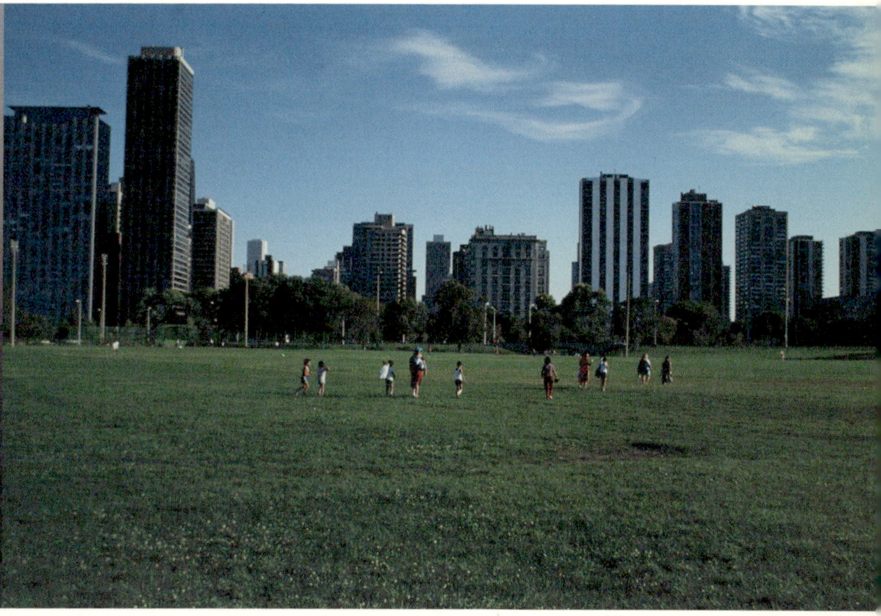

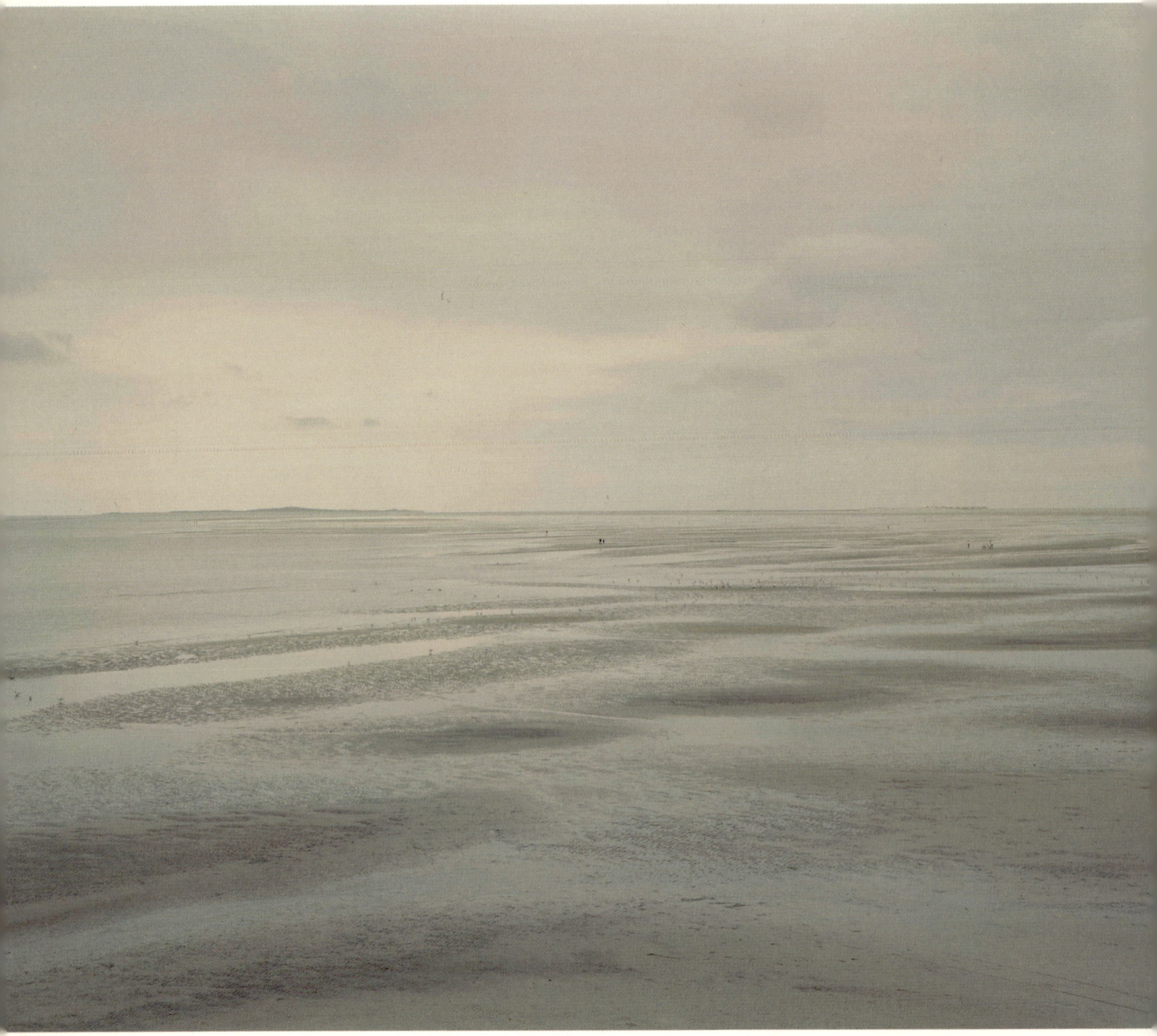

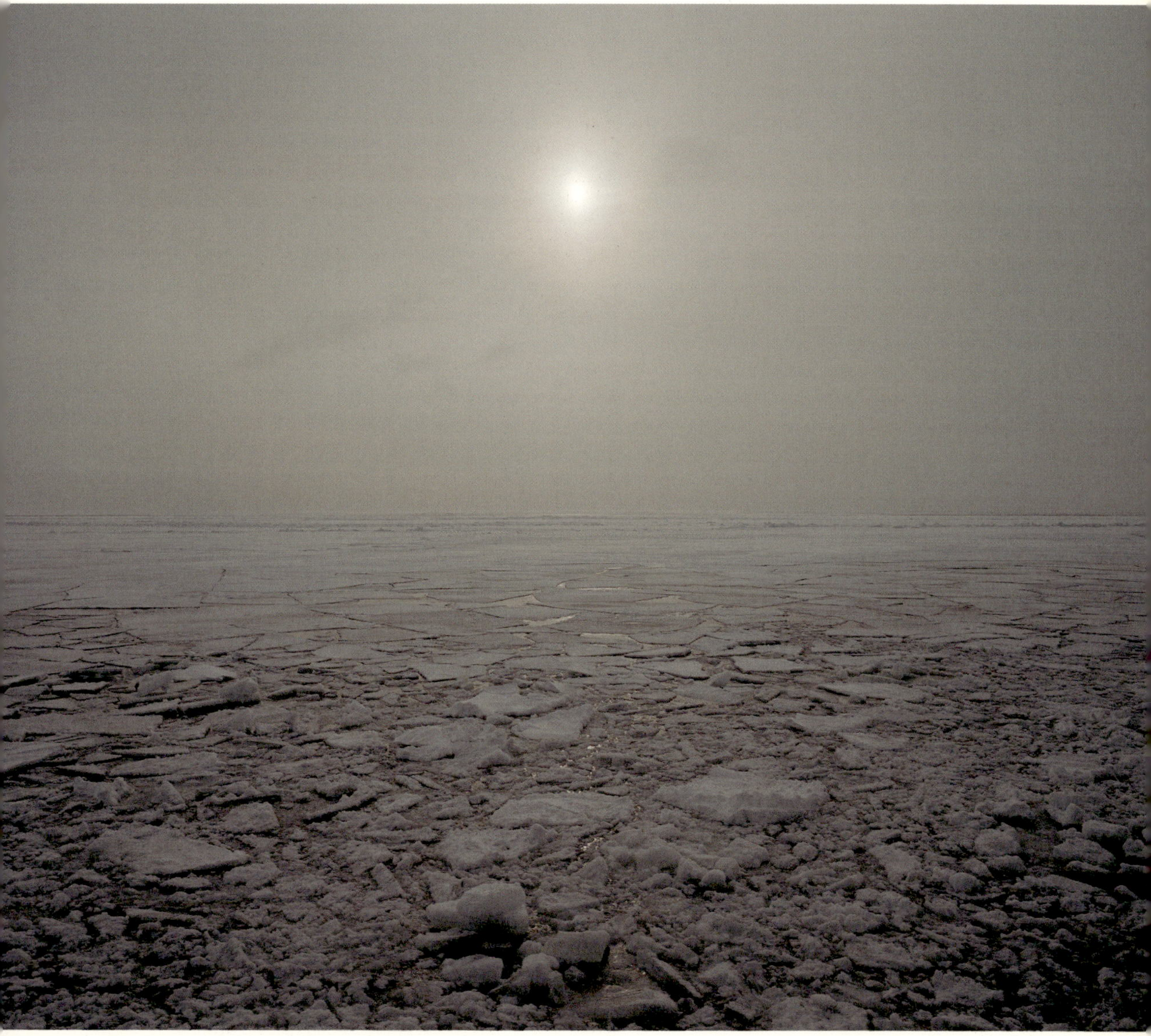

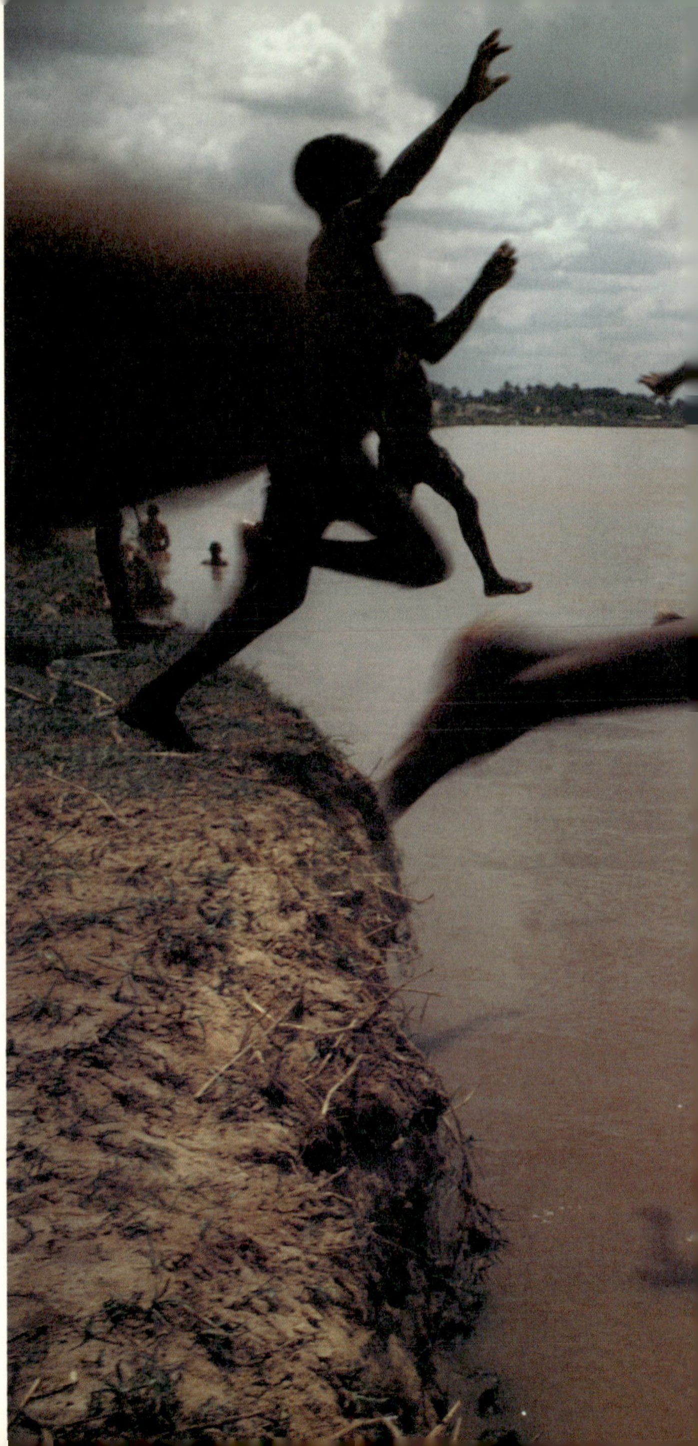

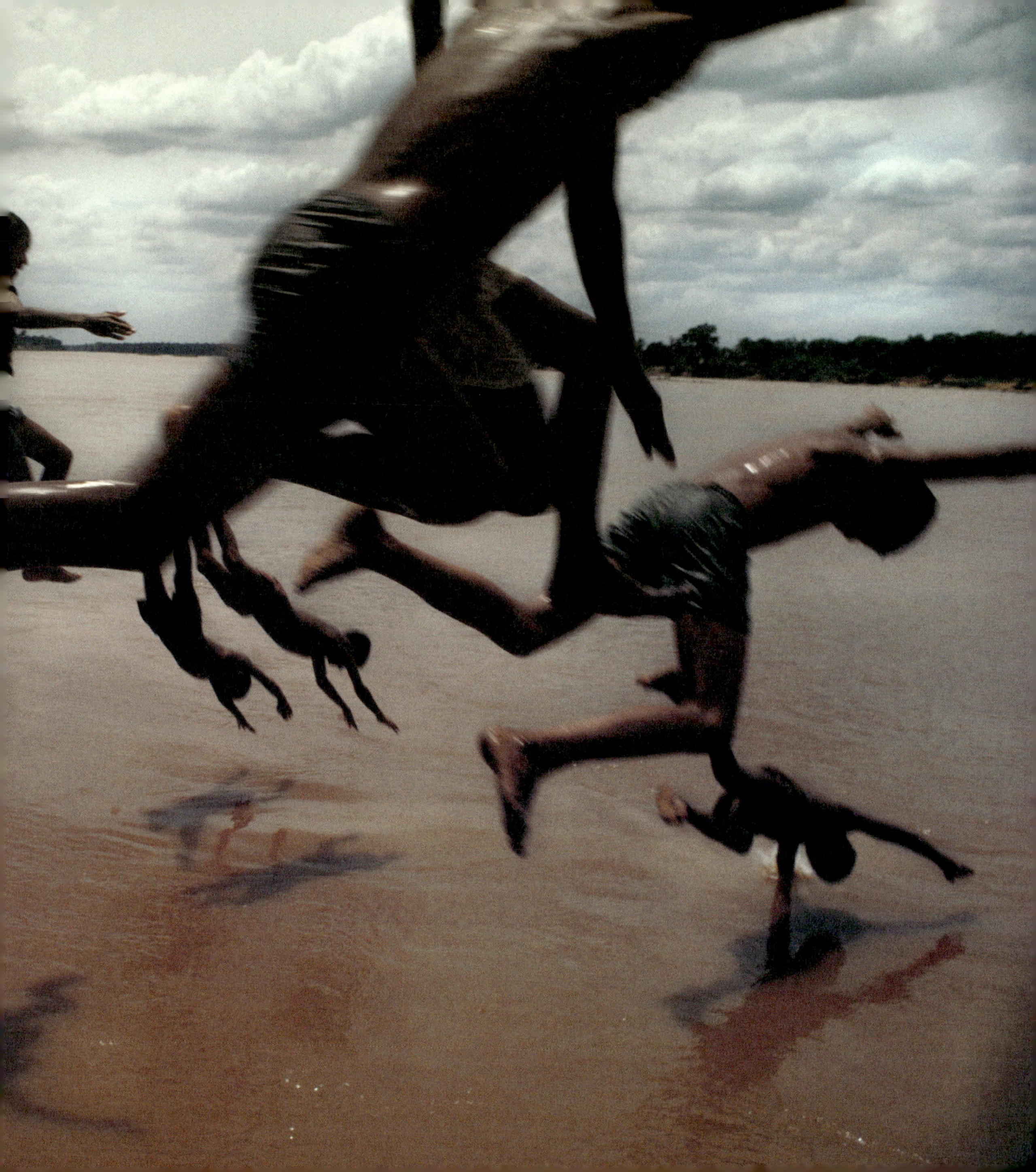

1月1日　0時

００分０１秒（未来）

４７億年目のわたしと地球の物語。

あとがき

地球という惑星の"刻印"

山本良一

テイヤール・ド・シャルダンによれば、「知性や精神というものも、ほかの現象と繋がりのない特別のものではない。超自然的なものから人間に与えられたものでもない。ごく高い重要さを持った自然の現象」である。つまり、「万物進化の過程で生命というものが生じ、これが自分自身を再生産できるようになり、人間に至って遂に"考える心"が開け、その心が自分自身をさらに創造するようになった」(安岡正篤『禅と陽明学　人間学講話』)。この"考える心"が科学を生み、科学は技術を驚異的なレベルにまで発達させ、技術は科学をさらに深化させて、人間精神の地平をはるかに拡大した。

　アル・ゴア元米国副大統領の著書『不都合な真実』には筆者にとって忘れられない2枚の写真がある。一枚は月の"地平線"から地球が上がっていくもの。もう一枚はかつて米国が宇宙探査のために打ち上げたロボット宇宙船が遙か65億kmのかなたから撮影した地球の写真。地球は本当に小さな"青白い点"として写っている。これらの切ないまでに美しい地球の写真は私たちの心を揺さぶって止まない。46億年の地球の歴史、38億年の生命の歴史、700万年の人類の歴史、そして20万年の現世人類の歴史はこの"青い点"の中で進行したのであった。3000万種以上といわれる多様な生物が相互に複雑に依存しながら作り上げているこの地球生命圏は比喩的にガイアと呼ばれることもある。

　日常生活では忘れ去られていることだが、私たちの身体と精神は当然この地球という惑星の刻印(地

球コード)を強く受けている。いうまでもなく、私たちは地球人である(将来は太陽系人、銀河系人と拡大されていくかも知れないが)。21世紀になって初めて私たちは自らが地球人であることに気づかされたのである。「自分は地球人であり、地球人は地球生命種の一つである」という大悟徹底がなければ、現在直面している人類の危機を解決することは到底不可能だというのが本書の中心テーマである。例えば"地球温暖化"の問題を見てみよう。この問題の本質は地球の表面温度を気候安定化のために何度に設定するかということである。2009年、世界は産業化前と比較して表面温度の上昇幅を2℃以内に抑制すること(2℃ターゲット)で合意した。これは地球史上初めて一生物種が惑星気候のサーモスタットを意図的に調整するという試みである。気候科学によれば2℃ターゲットを67%の確率で守るために許される今後排出可能な温室効果ガスの総量は7500億t(CO_2換算)。68億人の世界人口で割れば1人あたり110tとなる。日本人1人あたりの年間排出量を約10tとすると後11年間でこれを使いきってしまい、それ以降は化石燃料ゼロで暮らすということになる。このように2℃ターゲットを守るための環境エネルギー革命は徹底的なものにならざるを得ない。この「2℃ターゲット」が守れない事態になれば100万種以上の生物種の絶滅リスクが高まるほか、人類社会にも深刻な温暖化による被害が発生すると予想されている。解決策として温暖化軽減策、温暖化適応策、気候工学(ジオエンジニアリングと呼ばれ、積極的に地球を冷却化しようとする技術)が考えられている。2℃突破のポイント・オブ・ノーリターンが20年

後に迫る中、地球人としての自覚と、ガイアへの畏敬(いけい)と、地球人としてのマナーを身につけて問題に対処するほかはないであろう。

　地球人としての自覚とガイアへの畏敬については本文に詳しく書かれている。ここでは地球人としてのマナーについて私見を述べる。

　第一に宇宙にはさまざまな知性が存在する可能性があり、現在の人間知性が至善至高のものと考えない謙虚さが先ず求められる。最近の宇宙論ではわれわれの宇宙は「無」から「トンネル効果」を経て生まれ、その時点で無数の「子宇宙」や「孫宇宙」が誕生し、それらの宇宙にはさまざまな知的生命が存在する可能性さえ指摘されている。また人間知性そのものも試行錯誤(しぜんしこう)的に進み、一気に直線的に進歩するものではない。数学の歴史的難問、フェルマー予想もさまざまな要素分野の発展があって初めて1995年にワイルズが証明することに成功したのである。相対性理論と量子論の発展がなければ佐藤勝彦とアラン・グースはインフレーション宇宙論を考えつくことができなかったであろう。未知なるものへの謙虚さは行動における予防原則を求める。

　第二に地球生命圏の永続性を、すべての価値判断の前提としなければならない。個人、企業、国家や一生物種の「私利私欲」(しりしよく)によって、この地球生命圏の長期的安定を脅かすようなことをしてはならない。

　本書は、私たち人間が地球人としての自覚と使命を認識するための良いテキストとなるであろう。

第 1 章　P010 >>> P041

- 『人間を科学する事典 ―心と身体のエンサイクロペディア―』　佐藤方彦 編／2005年／東京堂出版
- 『太陽のきほん』　上出洋介 著／2008年／誠文堂新光社
- 『太陽からの光と風 ―意外と知らない？太陽と地球の関係―』　秋岡眞樹 編著／2008年／技術評論社
- 『水とはなにか ＜新装版＞ ミクロに見たそのふるまい』　上平恒 著／2009年／講談社
- 『おもしろサイエンス　おいしい水の科学』　佐藤正 監修／生活と水の研究会 編著／2007年／日刊工業新聞社
- 『みずものがたり ―水をめぐる 7 の話』　山本良一 企画監修／Think the Earthプロジェクト 編著／2008年／ダイヤモンド社
- 『生命にとって酸素とは何か　生命を支える中心物質の働きを探る』　小城勝相 著／2002年／講談社
- 『酸素のはなし　生物を育んできた気体の謎』　三村芳和 著／2007年／中央公論新社
- 『重力の物理学 ―知的好奇心のために―』　小池康郎 著／2005年／法政大学出版局
- 『図解雑学　重力と一般相対性理論』　二間瀬敏史 著／2001年／ナツメ社
- 『Me+Sci 08 宇宙の眺めかた』　2009年／日本科学未来館
- 『Newton別冊 みるみる理解できる太陽と惑星 新訂版』　2009年／ニュートンプレス
- 『月のきほん』　白尾元理 著／2006年／誠文堂新光社
- 『月の本 perfect guide to the MOON』　林完次 写真／2000年／角川書店
- 『月の不可思議学』　竹内均 編／2000年／同文書院
- 『増補 月の魔力』　アーノルド・L・リーバー 著／藤原正彦・藤原美子 訳／1996年／東京書籍

第 2 章　P042 >>> P073

- 『ジュニア版 NHKスペシャル 地球大進化　46億年・人類への旅』　NHK「地球大進化」プロジェクト 編／2009年／学習研究社
- 『Newtonムック 大地と海を激変させた　地球史46億年の大事件ファイル』　2009年／ニュートン プレス
- 『恐竜VSほ乳類　1億5千万年の戦い』　NHK「恐竜」プロジェクト 編／小林快次 監修／2006年／ダイヤモンド社
- 『生物進化101の謎』　エス・プロジェクト 編／瀬戸口烈司 監修／2007年／河出書房新社
- 『Newton 人体に隠された進化史』　2005年11月号／ニュートンプレス
- 『絶滅した奇妙な動物』　川崎悟司 編／2009年／ブックマン社

DVD

- 『NHKスペシャル 地球大進化　46億年・人類への旅』　NHKエンタープライズ 企画・制作／2004・2005年／NHKエンタープライズ
- 『NHKスペシャル 恐竜VSほ乳類　1億5千万年の戦い』　NHK 制作・著作／高間大介 制作統括／2006年／NHKエンタープライズ
- 『奇跡の惑星 地球』　ナショナル ジオグラフィック 編／2008年／日経ナショナル ジオグラフィック社

参 考 文 献　Reference

第 3 章　P074 >>> P109

- 『ヒトはどのようにしてつくられたか　シリーズヒトの科学1』　山極寿一 編／2007年／岩波書店
- 『人類はどのように進化したか　生物人類学の現在』　内田亮子 著／2007年／勁草書房
- 『ゴリラとヒトの間』　山極寿一 著／1993年／講談社
- 『生態系ってなに？　生きものたちの意外な連鎖』　江崎保男 著／2007年／中央公論新社
- 『CD-ROM版 スーパー・ニッポニカ2001 ライト版　日本大百科全書＋国語大辞典』　2001年／小学館
- 『人間を科学する事典 －心と身体のエンサイクロペディアー』　佐藤方彦 編／2005年／東京堂出版
- 『カラダの百科事典』　日本生理人類学会 編／2009年／丸善
- 『解体新ショー』　NHK「解体新ショー」プロジェクト 編／2008年／NHK出版
- 『サル学の現在　上・下』　立花隆 著／1996年／文藝春秋
- 『98％チンパンジー　分子人類学から見た現代遺伝学』　ジョナサン・マークス 著／長野敬・赤松真紀 訳／2004年／青土社
- 『視覚でとらえるフォトサイエンス生物図録』　鈴木孝仁 監修／2007年／数研出版
- 『新しい霊長類学　人を深く知るための100問100答』　京都大学霊長類研究所 編／2009年／講談社
- 『生まれる　胎児成長の記録』　レナート・ニルソン 写真／松山栄吉 訳／1981年／講談社
- 『胎児の世界　人類の生命記憶』　三木成夫 著／1983年／中央公論新社
- 『生命の記憶　海と胎児の世界』　布施英利 著／1997年／PHP研究所
- 『Newton 人体に隠された進化史』　2005年 11月号／ニュートンプレス

Epilogue　P110 >>> P161

- 『46億年 わたしたちの長き旅　地球大進化と人類のゆくえ』　高間大介 著／2005年／NHK出版
- 『ヒトはいつから人間になったか』　リチャード・リーキー 著／馬場悠男 訳／1996年／草思社
- 『DNAから見た日本人』　斉藤成也 著／2005年／ちくま新書
- 『ナショナル ジオグラフィック』　2006年3月号／日経ナショナル ジオグラフィック社
- 『ナショナル ジオグラフィック』　2008年10月号／日経ナショナル ジオグラフィック社
- 『宇宙医学 入門　宇宙でヒトの体はどう変わるのか』　宇宙航空研究開発機構（JAXA）取材協力／2005年／マキノ出版
- 『宇宙開発の50年　スプートニクからはやぶさまで』　武部俊一 著／2007年／朝日新聞社
- 『宇宙がよろこぶ生命論』　長沼毅 著／2009年／筑摩書房
- 『宇宙人としての生き方　アストロバイオロジーへの招待』　松井孝典 著／2003年／岩波書店
- 『宇宙日記　ディスカバリー号の15日』　野口聡一 著／2006年／世界文化社
- 『宇宙飛行士は早く老ける？　重力と老化の意外な関係』　ジョーン・ヴァーニカス 著／白崎修一 訳／向井千秋・日本宇宙フォーラム 監修／2006年／朝日新聞社
- 『眠れなくなる宇宙のはなし』　佐藤勝彦 著／2008年／宝島社
- 『はじめての〈超ひも理論〉』　川合光 著／2005年／講談社
- 『パラレルワールド　11次元の宇宙から超空間へ』　ミチオ・カク 著／斉藤隆央 訳／2006年／NHK出版
- 『もしも宇宙を旅したら　地球に無事帰還するための手引き』　ニール・F・カミンズ 著／三宅真砂子 訳／2008年／SoftBank Creative

DVD

- 『NHKスペシャル 地球大進化／第六集 ヒト 果てしなき冒険者』　NHKエンタープライズ 企画・制作／2005年／NHKエンタープライズ
- 『国際宇宙ステーション　開かれる宇宙への扉』　有人宇宙システム 監修／NHKエンタープライズ 制作／2009年／NHKエンタープライズ

Photograph 〉〉〉 写真

第1章

010	市橋織江
012	市橋織江／「Gift」MATOI PUBLISHING
014	市橋織江
015	市橋織江
016	市橋織江／「Gift」MATOI PUBLISHING
019	市橋織江
021	市橋織江
022	市橋織江／「Gift」MATOI PUBLISHING
023	市橋織江／「Gift」MATOI PUBLISHING
025	市橋織江
026	市橋織江
028	市橋織江
029	市橋織江／「Gift」MATOI PUBLISHING
030	市橋織江／「Gift」MATOI PUBLISHING
032	市橋織江
033	市橋織江
041	市橋織江

第2章

042	Jason Edwards/National Geographic Image Collection
044	NHK（地球CG）／国立天文台（※1）
045	NHK（地球CG）／Ron Blakey , Northern Arizona University（※3）
046	AFLO
047	NHK（地球CG）／国立天文台（※1-3）
048	NHK（地球CG）
052	NHK（地球CG）
056	NHK（地球CG）
060	NHK（地球CG）
064	Ron Blakey , Northern Arizona University

第3章

074	Mark C. Ross/National Geographic Image Collection
078	Chris Newbert/Minden Pictures/National Geographic Image Collection
079	Chris Newbert/Minden Pictures/National Geographic Image Collection
080	Maria Stenzel/National Geographic Image Collection
083	Michael Poliza/National Geographic Image Collection
084	Cyril Ruoso/Minden Pictures/National Geographic Image Collection
085	Mitsuaki Iwago/Minden Pictures/National Geographic Image Collection
086	Robert Clark/National Geographic Image Collection
088	Keate/Masterfile/amanaimages
090	〈上〉AFLO 〈下〉Mitsuaki Iwago/Minden Pictures/National Geographic Image Collection
091	〈上〉Steve Winter/National Geographic Image Collection 〈下〉Joel Sartore/National Geographic Image Collection
092	AFLO
093	〈上〉AFLO 〈下〉Beverly Joubert/National Geographic Image Collection
094	AFLO
095	AFLO
096	Joel Sartore/National Geographic Image Collection
102	Michael Nichols/National Geographic Image Collection
104	AFLO
106	Chris Steele-Perkins/Magnum Photos
109	SCIENCE PHOTO LIBRARY/amanaimages

Epilogue

116	Chris Johns/National Geographic Image Collection
121	Ben Seelt/amanaimages
122	Chris Steele-Perkins/Magnum Photos
123	Jonas Bendiksen/Magnum Photos
124	Stuart Franklin/Magnum Photos
126	PG/Magnum Photos
127	Ferdinando Scianna/Magnum Photos
128	AFLO
130	AFLO
134	AFLO
136	Thomas Hoepker/Magnum Photos
139	NASA/National Geographic Image Collection
141	NASA/National Geographic Image Collection
146	Erich Hartmann/Magnum Photos
149	Thomas Hoepker/Magnum Photos
150	Stuart Franklin/Magnum Photos
152	Bruno Barbey/Magnum Photos
153	Hiroji Kubota/Magnum Photos
154	〈左〉Jonas Bendiksen/Magnum Photos 〈右〉Thomas Dworzak/Magnum Photos
155	Ferdinando Scianna/Magnum Photos
156	Mark Power/Magnum Photos
157	Mark Power/Magnum Photos
159	Bruno Barbey/Magnum Photos

Artwork >>> アートワーク

表紙, 9, 11, 43-45, 49, 53, 57, 61, 65, 68-73, 75, 88-89, 98-101, 113-115, 118-119, 144, 171, 背表紙（地球/生命）
板倉敬子/イッカクイッカ株式会社

Illustration >>> イラスト

50-51, 54-55, 58-59, 62-63, 66-67　（地球史）
服部あさ美

ビジュアル・インデックス
Visual index

編著　GENERATION TIMES（ジェネレーション タイムズ）

未来を担う世代と「新しい時代のカタチ」を考えるジャーナル・タブロイド誌。2004年創刊。毎号、自分の日常と世の中で起きているコトとの"接点"を探っていく特集主義で構成されている。現在は10号まで発刊(不定期刊)。自分の歴史を辿る特集『roots』(vol.3)。日本で暮らす外国人との距離を考える『トモニイキル』(vol.5)。世界と自分の繋がりをひも解いた『65億人の交差点』(vol.9)。100歳差が生きる同時代を描いた『時を拓く』(vol.10)など。そのほか、読者と共に考えていくイベント『GTゼミナール』や、NGOや学校法人との共同プロジェクトなど、誌面を越えたプロジェクトを展開している。現在、時代のカタチを考える研究所『GENERATION LAB(仮称)』を準備中。
http://www.generationtimes.jp/

特別協力　山本良一（やまもと りょういち）

国際グリーン購入ネットワーク会長。東京大学名誉教授。元東京大学生産技術研究所教授。東京大学工学部冶金学科卒業。工学博士。専門は材料科学、持続可能製品開発論、エコデザイン。文部科学省科学官(2004～2007)、エコマテリアル研究会名誉会長、LCA日本フォーラム会長、環境経営学会会長、環境効率フォーラム会長、「エコプロダクツ」展示会実行委員長など多くの要職を兼務。著書に『地球を救うエコマテリアル革命』(徳間書店)、『戦略環境経営エコデザイン』、『サステナブル・カンパニー』、『温暖化地獄』『温暖化地獄Ver.2』、『残された時間』などのほか、『1秒の世界』、『世界を変えるお金の使い方』、『気候変動+2℃』(以上ダイヤモンド社)の責任編集を担当。

GENERATION TIMES

編集長　伊藤剛

編集　　今村亮
　　　　嘉村真由美
　　　　沢田美希
　　　　川村庸子

アートディレクション　直井忠英
デザイン　　　　　　　ナオイデザイン室

表紙アートワーク　板倉敬子（イッカクイッカ株式会社）

制作　ASOBOT inc.

監修協力／馬場悠男　国立科学博物館 名誉研究員　（86-89, 118-119, 143-145）
　　　　　山極寿一　京都大学大学院理学研究科 理学博士　（98-107）

スペシャルサンクス／板倉亨輔、今泉真緒、小川貴之、橋本裕子、佐藤佳代子、森田菜絵、京都市動物園
　　　　　　　　　　国立天文台、上越科学館、日本科学未来館、MAGNUM、NATIONAL GEOGRAPHIC

earth code
46億年のプロローグ

This book was written to find the definitive "code" that shows we have survived through the turbulent history of the Earth.
The code defining us as human beings made "by the Earth" is deeply engraved in our bodies.
There are many things that have not yet been clarified in the stories in this book. Perhaps the rationale behind the theory will change in the next few years.
However what is important is not the theory but the fact that we are a species that can only exist on this planet.
This is not at all something to be pessimistic about. It is what makes us what we are today.

earth code 46億年のプロローグ

２０１０年４月８日　　第1刷発行

編著	GENERATION TIMES
特別協力	山本良一

企画	音和省一郎（ダイヤモンド社）
	田村譲司（ダイヤモンド社）
	伊藤剛（GENERATION TIMES）

協力	見山謙一郎（立教大学 AIIC 特任准教授）
	内田智子（未来図書室プロジェクト）

制作	ASOBOT inc.

製作・進行	ダイヤモンド・グラフィック社
印刷・製本	凸版印刷
発行所	ダイヤモンド社
	〒150-8409　東京都渋谷区神宮前 6-12-17
	http://www.diamond.co.jp/
	電話 03-5778-7235（編集）　03-5778-7240（販売）

本書は、未来図書室プロジェクトの活動の一環として制作されました。
売上の一部は、環境 NGO を通じて地球環境保全のために使われます。
http://mirai-tosyositu.jp/

© 2010 GENERATION TIMES ＋ Ryoichi Yamamoto

ISBN：978-4-478-01269-7
落丁・乱丁本はお手数ですが小社営業局宛にお送りください。
送料小社負担にてお取替えいたします。但し、古書店で購入されたものについてはお取替えできません。
無断転載・複製を禁ず。

Printed in JAPAN

Special Thanks

未来図書室・サステナブル教育応援プロジェクト
本書は、下記企業の協力により全国の小学校、中学校、教育委員会へ寄贈されています。

協賛：NEC フィールディング／キヤノン／サラヤ／積水化学工業／ダスキン／東レ／凸版印刷／トヨタ自動車